U0383496

国家社会科学基金项目"青少年网络使用、网络素养对网络沉迷影响及预防机制研究"（15BXW069）阶段性研究成果

Influence of College Students' Internet
Literacy on Internet Addiction

大学生网络素养对网络沉迷的影响研究

▶ 武文颖◎著

科学出版社

北　京

图书在版编目（CIP）数据

大学生网络素养对网络沉迷的影响研究 / 武文颖著. —北京：科学出版社，2017.7

ISBN 978-7-03-053318-0

Ⅰ.①大… Ⅱ.①武… Ⅲ.①大学生-计算机网络-素质教育-影响-青少年-互联网络-大连 Ⅳ.①TP393 ②C913.5

中国版本图书馆 CIP 数据核字（2017）第129062号

责任编辑：朱萍萍 刘巧巧 / 责任校对：王 瑞
责任印制：张欣秀 / 封面设计：有道文化

斜 学 出 版 社 出版

北京东黄城根北街 16 号
邮政编码：100717
http://www.sciencep.com

北京虎彩文化传播有限公司 印刷
科学出版社发行 各地新华书店经销

*

2017 年 7 月第 一 版 开本：720×1000 B5
2019 年 1 月第二次印刷 印张：13 3/4
字数：245 000
定价：**78.00 元**
（如有印装质量问题，我社负责调换）

前　言

互联网已经从最初的技术应用、信息获取平台演变成大众传播媒介——一种虚拟的文化、环境和社会，网络技术本质上的两面性，使得被称为"数字居民"（digital natives）的当代大学生，在利用网络实现自我、展现成就感的同时，也因为滥用而带来网络沉迷，出现人际问题、冲动控制障碍、时间管理问题和身心健康损害等沉迷症状。

为了较好地回应新媒体环境下大学生网络素养和网络沉迷的现实关切，本书综合国内外网络素养和网络沉迷的理论和实证研究，建立理论研究框架，构建本书的概念和研究维度模型；对国内外量表进行本土化修正后，通过对大连市9所高校1000名学生发放问卷调查，运用因子分析，探索了大学生网络素养的五个结构维度（安全道德素养、信息技术素养、互动创新素养、发布研究素养和自律批判素养）。研究发现，大学生在性别、专业类别、家庭收入、学习成绩方面的差异，对他们的网络素养会产生影响，并形成不同的特点。笔者运用相关分析和回归分析，提出了网络素养影响网络沉迷的内在作用机制，建立和拓展了大学生网络素养影响网络沉迷的模型，描绘出了大学生网络沉迷高危险人群"画像"，对大学生网络素养和网络沉迷之间的复杂关联进行了深入探究和实证呈现。通过量化和质化研究方法的结合，本书不仅对移动新媒体环境下大学生网络使用、网络素养和网络沉迷的研究有"描述性"贡献，同时也增加了对各影响因素之间关系的"阐释力"，丰富了大学生网络沉迷影响因素的理论探讨。

本书结合马克思异化理论、媒介系统依赖理论中关于受众-媒介-社会三角关系的研究视角，分析随着智能手机的流行和4G互联网络的普及，以手机社会性网络服务为代表的媒介、社会性网络服务主要使用者——大学生、社会之间的依赖关系、沉迷表现及原因。基于大学生网络沉迷多因素影响模型的作用机理，借鉴发达国家和地区网络素养教育经验，提出以社会教育路径、学校教育路径、家庭亲朋教育路径和自我教育路径相结合的方式开展网络素养教育，构建大学生网络沉迷预防机制，这对于提高大学生思想政治教育和网络素养教育的针对性和实效性，有效干预大学生网络沉迷症状的发生，预防和缓解大学生网络沉迷的形成具有重要价值。

武文颖

2017 年 3 月

目 录

第一章　绪　论

第一节　背景与意义

一、研究背景

1969 年，互联网研发于美国国防部高级研究计划局（Defense Advanced Research Projects Agency，DARPA）的前身 ARPANet，ARPANet 成为现代计算机网络诞生的标志。1977 年，苹果公司推出第一台个人计算机；1991 年，蒂姆·伯纳斯·李（Tim Berners-Lee）成立了第一个网站；1992 年，国际互联网正式诞生。20 多年来，互联网的发展给世界各地区人们的生活和行为带来了巨大变化。国际互联网从 1994 年 4 月 20 日正式登陆中国以来，呈现几何倍数的爆炸式增长，以神话般的速度将其触角伸向神州大地，迅速渗透到政治、经济和社会领域。今天，我国网民数量高居世界第一位，网络普及率高于世界平均水平。

2016 年 8 月，中国互联网络信息中心（China Internet Network Information Center，CNNIC）公布的第 38 次《中国互联网络发展状况统计报告》显示：我国网民规模为 7.10 亿人次，互联网普及率达到了 51.7%，比 2015 年年底高了 1.4 个百分点（图 1-1）。中国互联网的发展已从"普及率提升"转换到"使用程度加深"，从"数量"向"质量"转换。互联网对个人生活方式的影响进一步深化，从休闲娱乐需求和获取信息的个性化应用，转化为与医疗、交通、教育等公用民生服务深度融合。伴随着"互联网＋"计划的提出，互联网必将带动传统产业朝着深度和广度变革迈进。

作为拥有良好外语能力、对新事物好奇、求知欲强的大学生，更是利用其充裕的时间和大学便利的软硬件环境上网冲浪，畅游网络世界。第 38 次《中国互联网络发展状况统计报告》指出：截至 2016 年 6 月，20～29 岁年龄段网民的比例为 30.4%，在整体网民中所占比例最大。大专及以上学历的网民占网民总数的 20.4%（图 1-2）。作为网民群体中的重要组成部分，高校学生对于网络新技术的使用与适应能力较其他网民群体要强很多，因此大学生网络素养的高低直接影响着互联网健康发展的环境，其发挥的作用也与中国网民群体的走向息息相关。

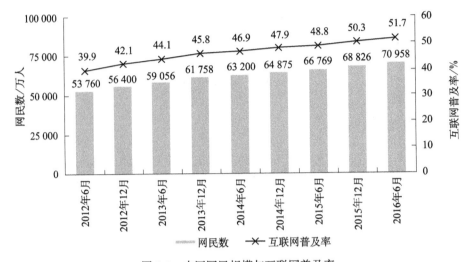

图 1-1　中国网民规模与互联网普及率

资料来源：CNNIC 中国互联网络发展状况统计调查（2016 年 6 月）

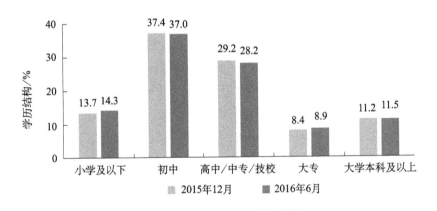

图 1-2　中国网民学历结构

资料来源：CNNIC 中国互联网络发展状况统计调查（2016 年 6 月）

第 38 次《中国互联网络发展状况统计报告》指出：中国网民的最大群体仍然是学生，占总体比例的 25.1%，互联网普及率在该群体内已经处于高位（图 1-3）。20 世纪 90 年代以后出生的大学生伴随着网络一起成长，被称为"数字居民"[1]。互联网以其地域广阔性、空间延伸性、信息开放性、人员平等性、个性兼容性等特点吸引着大学生成为其主要参与主体。

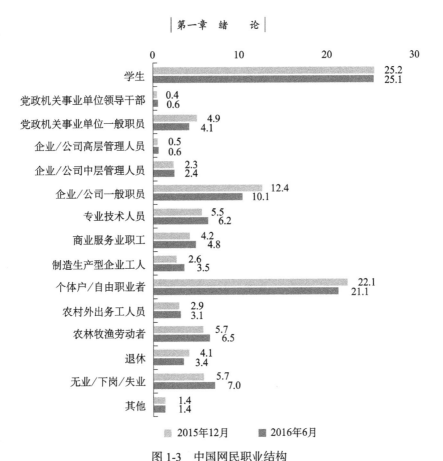

图 1-3 中国网民职业结构

资料来源：CNNIC 中国互联网络发展状况统计调查（2016 年 6 月）

随着网络进入 Web2.0 时代，以及社交媒体、自媒体、简易信息聚合（Really Simple Syndication，RSS）等技术的应用，我国已经进入由计算机、网络、网络空间构成的第二生存空间——网络社会。荷兰学者冉·凡·迪克（Jan van Dijk）在《网络社会》一书中写道："毫不夸张地说，我们可以称 21 世纪是一个互联网时代。网络将成为未来社会的神经系统，而且人民能够指望这种基础设施比起过去时代建造用于物品与人员运输的道路来，会带给我们整个社会和个人生活更大的影响。"[2] 互联网的迅速发展改变着信息存储、传递和加工的方式，给人类的社会生活带来重大变革，对人们的心理行为、生活方式产生深刻影响。专家在评估和预测互联网划时代的意义时说，互联网"像火一样正在改变着人类的生活"。

我们现在可以说，互联网已经从最开始的技术应用、信息获取平台演变成大众传播媒介——一种虚拟的文化、环境和社会，上网已经发展成为一种生活方式，一种个人生存的有机组成部分。网络已经融入大学生的学习、生活之中，改变了他们的学习行为、消费行为和交往行为，重新塑造了他们的恋爱行为，拓展了他们的虚拟社群行为。大学生正处于青年中期，心理发展基本成熟但尚未成熟，除了专业学习任务外，对自我角色的认知和职业生涯方向的寻求也是他们重要的人生任务。网络可以满足他们对世界的好奇心，扩展他们的生活领域，在虚拟网络中各种角色的扮演满足了他们实现自我、展现成就感的心理诉求。

但是，美国学者拉扎斯菲尔德和莫顿都曾指出：大众媒介既可以为善服务，也可以为恶服务，如果不加以控制，它为恶服务的可能性会更大一些[3]。多姿多彩的虚拟世界中也暗藏着许多陷阱，面对网络这把"双刃剑"，大学生在享受便利资讯和多元互动的同时，不可避免地出现偏离、失范、依赖甚至网络成瘾的行为。

当代大学生正处在一个无网不入的环境中，使其成为网络沉迷的高危人群，大学生沉迷网络荒废学业的新闻常常见诸报端。

网络沉迷导致许多大学生的人际交往能力衰退，他们往往沉迷于虚拟世界，逃避现实世界。通过网络来排解心理疑惑的行为虽然可行，但对于网络过分依赖却是舍本逐末的做法。大学是人格发展和社会关系建立的重要时期，网络沉迷现象可能造成的结果是不能被低估的。它不仅仅是个人心理疾病的一种，还会演变成一种严重的社会问题。对个人来说，网络沉迷将引起个人对于社会规范意识的减弱，对现实社会的疏远，人际交流能力的萎缩，生活与工作能力的下降，甚至发展为严重的精神障碍。从社会的角度而言，网络沉迷流行将导致社会涣散，无法正常而有效地运转、发展。

现代人对自身健康和生活满意度的注重与日俱增，世界卫生组织（World Health Organization，WHO）指出，健康已经不仅局限于没有疾病，还包括心理健康、道德健康和社会适应良好。大学生是祖国未来建设的主力军，他们的健康发展关系到个人、家庭乃至社会的发展，因而大学生的心理健康和生活满意度也受到社会的关注。

网络技术给人类活动带来了深刻的变革，思想政治教育理论研究也需要具体的切入点以实现新的发展。大学生网络偏离、网络失范、网络沉迷行为，给大学校园思想政治教育阵地搭建、网络道德安全建设带来强烈冲击。如何引导大学生合理、正确地使用网络，避免网络沉迷，已成为网络思想政治教育工作者的新课题、新挑战。

本书开展的研究属于高校网络思想政治教育研究领域。为了较好地回应新媒体环境下大学生网络素养和网络沉迷的现实关切，提出研究问题和研究假设，笔者对大连市 9 所高校 1000 名学生发放问卷调查，运用 SPSS（统计产品与服务解决方案）高级统计分析方法建构当代大学生网络素养对网络沉迷各影响因素模型，深入解析大学生网络素养失衡下的网络沉迷表现及原因，最终为构建基于网络素养教育视角下的大学生网络沉迷防治长效机制，提供理论和实证支持。

二、研究意义

互联网不仅在促进人类社会发展方面有所建树，还以其交互性、丰富性、广阔性、便捷性等优点而备受大学生的青睐。面对互联网构建起来的虚拟世界，当代大学生表现出了较高的认可度和参与热情，他们以与互联网有缘的"网络新生代"自居，课堂、图书馆、宿舍、实验室这些他们学习和生活的每一个角落，都已遍布了网络的触角。第 38 次《中国互联网络发展状况统计报告》显示，中国网民的主体依然是 30 岁及以下的年轻群体，占了中国网民总数的半壁江山，达到 53.4%。年轻网民对中国互联网应用产生深层影响，中国互联网的应用实践与年轻网民特征相一致，都呈现出以娱乐休闲活动为主的特征。因此，对大学生网络沉迷现象及其影响因素进行深层分析，并在此基础上提出相对应的差异化干预策略，及时展开具有针对性的防治措施，对维护大学生的身心健康具有非常重要而积极的理论意义和现实意义。

1. 理论意义

（1）有助于从学理上拓展和深化网络思想政治教育的理论前沿。中共中央、国务院在《关于进一步加强和改进大学生思想政治教育的意见》中强调，要主动占领网络思想政治教育这块新阵地，牢牢把握好网络思想政治教育的主动权。所以，加强大学生网络素养教育是当前媒介生态下的思想政治教育新领域，是应对网络信息超载、信息污染、垃圾信息横行的需求，也是改进大学生思想政治教育的需要。教育的目的在于提高大学生对各类信息的解读、批判和应用能力，增强大学生对于不良信息的辨别力、批判力和免疫力。

（2）弥补中国大陆学界对网络沉迷影响因素进行全方位、多角度实证研究的不足。目前，我国缺乏对青少年网络使用、网络沉迷和网络素养的不同维度做出概念阐释、理论阐释和实证呈现。本书将通过有效辨析移动互联网蓬勃发展环境下，大学生网络使用、网络沉迷和网络素养的总体特征、具体情状及其与各影响因素之间的复杂关联，构建并检验大学生网络沉迷的多因素影响模型，丰富大学生网络素养和网络沉迷及其影响因素之间的理论探讨。这在一定程度上具有填补空白的研究价值和方法论突破的实践意义。

2. 现实意义

（1）塑造大学生正确网络行为、抵制网络负面影响的必然要求。Web2.0时代，网络的"双刃剑"作用更加彰显，对网络的滥用，将影响大学生的学习生活，严重的甚至会造成人格发展障碍。面对汹涌而至的网络色情、诈骗、暴力、反动、赌博等不良信息的侵扰，开展网络素养教育研究，引导大学生对网络使用态度及行为正向发展，已成为对大学生网络失范、网络沉迷行为进行有效前期预防教育的时代诉求。

（2）提高大学生媒介素养、促进大学生成长成才的重要保证。上网已经发展成大学生一种流行的生活方式，网络素养已经成为个体生存和发展必备的媒介素养。提高大学生的网络素养，为他们端正上网心态，进行适度的使用网络的行为，使大学生在多元而复杂的网络时代，变被动为主动，合理利用网络完善自我，促进大学生成长成才。同时，大学生网络素养不仅深刻影响着大学生自身媒介生存能力，也与中国现实社会的民主化、现代化进程以及和谐社会主义建设密不可分。

（3）加强和改进大学生网络思想政治教育针对性和实效性的创新举措。开展网络素养教育，是网络思想政治教育迎接新媒体技术挑战、实现创新发展的重要路径。本书为高等院校思想政治教育迎接新媒体技术挑战、创新发展，改善大学生思想政治教育的针对性和实效性，提供了具体思路和针对性的对策建议；为培养大学生正确理解媒介的社会功能，学会高效传播信息，并积极参与公共事务，成为具有良好网络素养的人，提供了理论依据。

（4）为帮助网络沉迷学生尽绵薄之力。作为中国庞大网民群体中的重要组成部分，大学生是未来社会建设的主力军，提升其网络素养，使其远离网络沉迷，关乎国家和民族的命运。而目前国内缺乏深入勾勒大学生网络使用内在动机、行为、人格特质与不同维度网络沉迷、网络素养间的多因素影响模型的本土化研究。本书通过问卷调查的方法，分析了大连市高校学生的网络使用情况和网络沉迷现状，主要阐述了互联网络对大学生的影响，研究其网络沉迷的诸方面原因及行为干预措施，希望可以帮助大学生克服网络沉迷、纠正不良网络行为。

第二节 国内外相关工作和研究

一、国外相关工作和研究

（一）国外网络使用研究

笔者在社会科学引文索引（SSCI）数据库，以"network usage"为关键词，检索到1995~2015年发表的1508篇外文文献。经过认真研读，笔者发现，国外学者主要从传播学、情报学、社会学、经济学等学科视角开展研究，理论研究多从"数字鸿沟"和扩散理论展开，从早期考查个体与互联网关系，到现如今扩展到对网民信息搜索、娱乐行为和政治参与的研究。相比国内学者的研究，国外学者更注重对网络使用的实证性研究，研究大致可分为以下三类。

1. 网络使用与网络资源相互作用研究

1998年，联合国新闻委员会提出，互联网已经成为继报纸、广播、电视之后的第四媒体。作为新型媒介，网络在新闻传播的过程中起着越来越重要的作用。随着网络的普及，公众参与并在网络上发声的自媒体形式也越来越引起学者们的关注和研究。基于这种网络使用对公众媒介的影响与改变，Jenkins预见今后"参与式的媒介文化"将有望形成[4]。

当代大学生正是伴随着网络成长起来的一代，他们对于网络使用的认识可以说在一定程度上代表着网络的发展趋势。因此，关于当代大学生网络使用情况被学者们广泛研究。Anderson调查了美国8所高校的1300名在校学生。研究显示，网络使用已经影响着美国大学生的学习和社交生活，其中重要的影响因素是性别和专业的不同[5]。

基于网络资源的不平衡性，有学者提出了"数字鸿沟"的概念。Livingstone和Helsper通过用户参与网络活动的数量和频率来测量其网络活动范围。他们发现，人们的网络活动范围不仅与性别、年龄、社会经济地位有关系，还受到网络使用程度和网络技能水平的影响[6]。

随着网络设备的更新和网络安装成本的降低，基于硬件设备有和无的"数字鸿沟"正在消失，而基于网络信息爆炸，获取不同价值信息的"数字鸿沟"正在形成。这一"数字鸿沟"的形成原因要比单纯的硬件有无复杂得多，它涉及各类因素。其中，Jones等就种族、性别和"数字鸿沟"对美国40所高校学生网络使用行为的影响进行了调查研究，发现基于种族差异的大学生网络使用差异更复杂[7]。Howard和Jones的调查显示，某些高级别的网络应用（如发送邮件、搜索财经、政治或政府信息、网上理财等）跟网民的教育程度呈正相关关系[6]。

2. 个体的人格特质及认知、情绪、自我控制等与网络使用的相关性研究

个体行动具有固有的复杂性，不同学者对网络使用致使的情绪改变进行了研究，其结论各不相同。赖特（K. B. Wright）等的调查显示，经常收发电子邮件、使用网络聊天的人群，容易产生抑郁感[8]；而 Kraut 等学者的研究则与之相反，其研究显示网络使用与人们的抑郁感没有显著关系[9]。

但对于过度使用网络，即网络成瘾的人格特质研究则呈现出较一致的结论，人格特质与网络成瘾密切相关。学者们认为，造成网络成瘾的人格、认知、情绪因素大多集中在孤独、焦虑、敏感和自我中心几个方向。其中，Young 和 Rodgers 通过使用卡特尔 16 种人格特质量表（16PF），对 259 名被认为是网络成瘾者的被试者的个性特征进行研究，发现网络成瘾倾向较严重的被试者与自我依赖、敏感、低自我暴露、个人为中心、对他人善于情绪反应等个性特征有相关关系[10]。Matheson 和 Zanna 用多重压力分析厌烦倾向、孤独、社会焦虑和个体的自我意识与网络沉迷的关系。最终得出结论——较高的厌倦倾向、孤独、社交焦虑及自我封闭均可导致网络成瘾的发生[11]。

Shapira 等在临床实践中发现，病理性网络使用者具有更多的冲动性和自我敏感性，更接近于冲动控制障碍，而非强迫性行为[12]。深度访谈那些网络过度使用者，他们都不约而同地谈到自己在上网前有不断增强而且不能够被抑制的紧迫感，而在上网后才会感觉松弛愉快，这同计算机冲动使用道理相同。网络过度使用是一种与冲动有关的行为。在后续大样本抽样中也同样显示：网络过度使用者具有类似于冲动控制障碍的心理特征[13]。

Gifford 利用经典的自我控制实验，即个体是选择马上实现较小利益还是选择等待将来出现较大利益，发现自我控制行为就是一种选择行为，个体是在不同的价值行为中加以选择的[14]。自我控制行为也表现在对网络过度使用的抑制上，情绪在其中起着重要作用。焦虑、抑郁的负面情绪状态影响自我控制过程，低自我控制行为更容易在负面情绪压力下被激发出来[15]。

3. 社会支持对网络使用者的导向作用

一般认为，社会支持可以分为两类。一类是客观、实际和可见的支持，如物质上的直接援助、稳定或不稳定的社会联系等；另一类是主观、情感上的可体验到的支持，与个体的主观感受相关，如个体在社会中受尊重、被理解等。

传播学将社会支持定义为，人们通过语言或非语言符号的传播，传递尊

重、关爱和友谊，帮助解决生活中遇到的问题 [16]。社会支持大多数情况下促使个体去接触和使用网络，但也有部分学者认为这种社会支持会为个体过度使用网络以及形成其他不良影响埋下了伏笔。Caplan 研究指出，计算机中介的社会支持使交往门槛被降低，能打破尴尬状态，能使人更加自在地在网上讨论私密话题，获得情感支持 [17]。

（二）国外网络素养研究

早在 20 世纪 30 年代，就有英国学者展开对媒介素养和媒介素养教育的研究。随着网络技术因素的兴起和蓬勃发展，网络素养的相关内容也逐渐引起学者的注意。

根据前人研究可知，"网络素养"对应的英文有 network literacy、internet literacy、online literacy、cyber literacy、cyber wellness 等。笔者在 Web of Science 数据库分别以 network literacy、internet literacy、online literacy、cyber literacy、cyber wellness 为关键词进行检索，共检索到时间跨度为 1997 ～ 2016 年的文献 385 篇（图 1-4）。

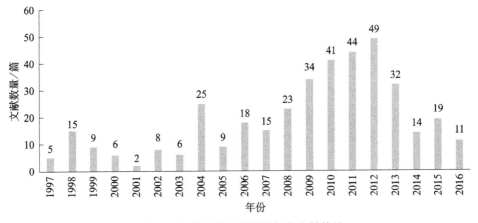

图 1-4　国外网络素养研究年载文献数量

国外关于大学生网络素养的研究主要涉及以下三个方面。

1. 网络素养的定义和内涵解析

网络素养这一概念来源于媒介素养，媒介素养教育自 20 世纪 30 年代发端于英国，发展壮大于加拿大、美国、澳大利亚及其他欧美发达国家。而网络素养伴随着互联网由"广泛"转向"深入"的发展，越来越受到人们的重视。

国外相关研究始于美国学者麦克库劳（C. R. McClure）[18]，他最早提出了"网络素养"（network literacy）这一概念。他认为网络素养是信息素养（information literacy）的一部分，传统听说读写基本素养（traditional literacy）、媒介素养（media literacy）、电脑应用能力素养（computer literacy），以及网络资源利用与多媒体资源使用素养共同组成了网络素养。网络素养是了解网络资源价值所在，并利用检索工具在网络上获取特定的信息，以帮助个人解决问题的能力。

随后，他进行了更加深入的研究，将网络素养的内涵界定为两个方面——知识和技能，认为在网络环境下应该教给孩子们的网络素养包括以下方面。

（1）知识（knowledge）层面：掌握全球网络化信息资源及服务的范围与使用方法；了解网络在人们日常生活及解决问题中所扮演的角色；了解网络信息产生、管理与获取的机制。

（2）技能（skill）层面：能有效利用网络上的各种搜索工具获取所需各类资源；善于使用网络信息，并结合其他资源的巧妙处理方式，以提升网络资源的价值；使用网络资源以帮助工作或个人决策，并提升生活品质[18]。

随后的学者们进一步丰富了网络素养的含义。主要有广义和狭义两种定义和内涵。

美国加利福尼亚州立大学学习资源和教育技术委员会在1995年提交的《加利福尼亚州立大学信息能力》报告中指出："信息能力是图书馆素养、计算机素养、媒介素养、技术素养、伦理学、批判性思维和交流技能的融合或综合。"这里的信息能力就是广义的网络素养。

广义的网络素养主要是指人们接近、分析、评价和生产网络媒介内容四个的能力[19]。其中，接近是指人们通过何种途径及如何使用网络媒介的能力，包括使用网络媒介的场所、渠道及使用经验（时间和频次）。分析是指人们收集、处理和理解网络媒介信息的能力。评价是指人们根据已有的知识背景，鉴别网络媒介信息真实性的能力，在某种意义上，这一能力是对网络使用者的一种"赋权"，使他们能动地处理媒介信息。生产网络媒介内容是指人们分享、制造、传播网络媒介信息的能力。网络素养的四个能力之间并不是一个此消彼长的关系，而是一个相辅相成的整体。分析和评价的技巧可以引发互联网的创造性使用，拓展访问的范围，而接近、分析和评价对创造性参与和生产来说也同等重要[20, 6]。因此，在测量网络素养时，应将其作为一个整体进行研究和分析[6]。

狭义的网络素养可以概括为信息技术素养。2010年，美国大学与研究图书馆协会（Association of College and Research Libraries，ACRL）提出了"信息素养技术"（information technology literacy）的概念，即使用计算机、软件应用、数据库及其他技术等来实现与工作和学术相关的目标的能力。他们认为信息技术素养，即 information technology literacy，可以简称为网络素养，即 internet literacy[21]。Kock 等认为大学生趋向于将技术素养作为在学科内运用技术来工作的另一种能力[22]；Bailey 和 Stefaniak 则将技术素养描述为对技术工具的精通[23]。

Dupuis 认为，信息素养必须包含对在当今社会中的信息内容的了解和理解能力，以及对于当今社会信息的组成、结构和使用等方面的认知和理解能力[24]。Chou 等认为，网络素养是计算机素养的一部分，而随着网络技术的发展，计算机素养逐渐演变为网络素养，即一个具有网络素养的人意味着他拥有足够的知识和能力来准确地操纵和使用网络，并知道网络对我们的生活及社会的影响和局限性[25]。其他学者（如 Banta 和 Mzumara）也认为，信息素养不仅是对于信息的查找及使用的能力，更是对于信息解释与评价的能力[26]。

2. 多角度、多触角的网络素养实证研究

互联网越来越成为大学生获取信息、社会交往、娱乐消遣的平台，那么大学生使用哪些网络应用、怎样使用网络及该如何使用网络等研究话题亦引起不同学科学者的兴趣。在研读文献过程中，笔者发现国外网络素养的研究大多倾向于多角度、多触角的实证研究。国外学者常常将网民的网络素养与信息搜索能力（如 Ngulube、Shezi、Leach）、学生在线自主学习（如 Blanchard、Carter、Chen Williams）、学术写作（如 Paul Stapleton）、远程教育（如 Horng Jilai）、网络接触行为（如 Griffiths、Yellowlees、Marks、Leung）、网络成瘾（Young、Roe、Muijs、Louis Leung、Paul S. N. Lee）等多种因素放在一起予以考察。

在研究方法上，国外的研究以实证研究为主，常常采用量表形式进行问卷调查，同时媒介分析、控制实验、案例分析、文本研究等方法也都在国外的研究中多次出现。

Tayie、Pathak-Shelat 等选取埃及、芬兰、肯尼亚等国家为研究对象，采用媒介日记的方式，记录青少年如何利用媒体工具搜索信息，并从他们的媒介使用特点中展开对网络素养教育的启发性思考[27]。

Akar-Vural 采用半结构式访谈方法，深度访谈了土耳其两个乡村学校的 6 名五年级学生和 2 名老师，了解他们对儿童电视剧的内容认知、价值判断，以及由此呈现出的批判性媒介素养[28]。

Hirsjarvi 和 Tayie 调查了埃及、芬兰、阿根廷和印度等国家的 10～18 岁青少年的媒介参与情况，探究不同国家青少年如何利用媒介进行公众参与，以及利用媒介参与的形式等，从而建立网络素养和青少年公民参与、媒介参与间的关系 [29]。

Primack 等对 14～18 岁青少年吸烟意愿进行了实地调查，发现通过媒介素养教育是可以减少青少年吸烟意愿的，学校应该加强媒介素养教育以减少青少年吸烟行为 [30]。Scull 和 Kupersmidt 等研究了媒介认知对青少年使用烟草、酒的影响，认为媒介素养教育在预防青少年对烟酒等的滥用行为方面助益显著 [31]。

3. 网络素养教育的研究

随着网络媒介地位日盛，网民的网络素养已经成为现代媒介素养的重要组成部分。媒介素养的研究起源于英国，发展壮大于法国、美国、加拿大等欧美国家，并逐步转移至日本、中国香港和台湾等亚洲国家和地区。近年来，世界各国学术界和教育界广泛关注网络素养教育，国外学者专注于研究网络素养教育的目标、内涵和教育方式等，并取得了丰硕的研究成果。目前的共识是应在学校中大力开展网络素养教育课程，培养学生的网络批判意识和抵御不良信息的能力。

美国韦伯斯特大学 Art Silverblatt 教授在其发表的 *Media Literacy in an Interactive age* 一文中提到，网络已经成为媒介素养研究的重要组成部分。在当代大学教育过程中，网络扮演着越来越重要的角色，大学生的信息收集、科学研究、人际交往、娱乐互动及自我表达也越来越依赖网络得以实现，所以网络素养教育的普及与推广亦应伴随着互联网的发展而发展 [32]。

新兴流行文化对青少年的影响是不少学者关注的重点。有学者研究流行文化对青少年的积极影响，例如，Choi 等的研究发现，韩裔美国人把韩国流行文化当作文化实践的载体，激发了他们学习韩语的兴趣，同时流行文化培养了韩裔美国人独立的文化判断意识，有助于青少年重新审视自我并加强对于母国的认同感 [33]；Parry 从社会文化学角度提出青少年之所以热衷流行文化，与他们能够利用大众媒介参与其中，并能够与他人共同分享经历、经验有关，Parry 建议学校将流行文化元素加入到媒介素养教育中来，以深化青少年对社会、媒介和文化的理解 [34]。

另外，针对大众媒介中呈蓬勃发展态势的流行文化，大众媒介内容的低俗化、有违伦理和媒介霸权等问题显现出来，如何通过系统化的教育课程和训练，培养青少年的媒介批判素养和提升他们的批判能力，使其能够抵御媒介的不良干扰，是媒介素养研究的一个重要方向。不少学者对此也保持清醒批判的自觉，呼吁为减少新兴流行文化对青少年的不良影响，要开展流行文化批判教育。Falter 指出，青少年作为校园流行文化的主体，流行文化对他们性别意识和价值判断有着很强的影响力，对于流行文化中的语言修辞影响，一定要保有批判的态度[35]。Burnett 和 Merchant 认为，青少年在接触复杂多变的社交媒体时，传统批判教育中媒介批判素养的应用框架缺乏交互性，存在局限，应该建立涵盖实践、身份和网络相互关系的研究模型，以帮助青少年了解使用社交媒介时从"做什么"转变为"应该做什么"[36]。Hobbs 观察了美国费城小学教师在课堂上引导学生判别互联网信息真伪、辨析新媒体流行文化好坏的教学过程，强调了在学校网络素养教育中注重文化批判意识的重要性[37]。Tejedor 和 Pulido 等调查了青少年网络使用风险、网络侵权和性骚扰等情况，建议把网络批判素养教育列入青少年日常教育活动中[38]。Scheibe 认为，应将媒介素养教育引入到从幼儿园到 12 年级的教育课程核心内容中，将加强学生的批判性思维、沟通能力和技术技能作为教育内容的重中之重[39]。Wilson 在研究中详细介绍了联合国教育、科学及文化组织开展的媒介和信息素养课程项目，该项目是网络素养教育师资培训项目，训练内容涵盖信息搜集和应用、媒介文本和信息源分析与评估、媒介受众、话语民主和社会互动参与，以及课程教学方法等[40]。

国外部分学者对于网络素养教育的研究偏向于将教育方法与信息素养相关性、如何提高科技在网络素养教育中的应用等方面，如 Mokhtar 等在新加坡四所学校开展了实验，证明信息素养教育与提高学生信息素养能力之间存在显著相关性[41]。影响力最大的是美国马萨诸塞州克拉克大学媒介素养研究中心主任 R. Hobbs 于 1998 年发表在 *Journal of Communication*（《传播季刊》）上的文章 *The Seven Great Debates in the Media Literacy Movement*（《媒介素养运动的 7 个争论》），该文以辩论的方式总结了不同学者关于媒介素养教育的争论[42]。

英国伦敦大学教授 D. Buckingham 文章被引 47 次，他在 *"Creative"Visual Methods in Media Research*：*Possibilities*，*Problems and Proposals* 中谈到创造性的视觉呈现方式在媒介研究中的运用[43]。

梅罗维茨（Meyrowitz）提出了多元素养（网络内容素养、网络语法素养和网络介质素养）教育框架理论[44]，建议构建网络素养与技术课程。

在网络技术日新月异的今天，美国、欧洲等西方国家和地区开始将网络素养教育从"规避"转向"参与",学者们主张不应该将网络视为洪水猛兽,过度干涉青少年接触媒介的行为,而应该积极鼓励青少年充分参与和利用媒介。Pérez 认识到人们应用蓬勃发展的媒介技术,不但要利用媒介拓展交流沟通的空间,而且要将媒介视为实现公民权益的手段,这对于民主社会的形成和建设意义显著[45]。

在家庭网络素养教育方面,Nikken 和 Jansz 采用网络问卷调查的方式调查了荷兰 792 位家长对孩子使用互联网的干预和指导行为,调查发现父母在引导孩子使用互联网时,采用了与使用电视和电子游戏相类似的策略,包括"共同使用""积极调解"和"限制性调解",父母此外也使用一些诸如"监督"和"技术安全指导"等新的策略[46]。

（三）国外网络沉迷研究

笔者在社会科学引文索引数据库中,以"internet addiction"为关键词,检索到 1995～2015 年发表的 2316 篇外文文献,研究大致可分为以下三类。

1. 网络沉迷概念和成瘾理论研究

网络沉迷,又称为网络成瘾（internet addiction）或病理性网络使用（problematic internet use,PIU）,其发端于美国,并在美国得到了广泛的重视。

当前世界范围对网络沉迷还没有一个普遍认可的学术定义。因为成瘾概念用于网络仍然存在争议。一直以来,"成瘾"一词一直运用在医学领域上,被理解为身体和心理对实物的依赖,而不是一种行为模式。学者们认为,只有对某种物质（如毒品）有生理上的依赖时才能称为成瘾,而网络使用者对网络的着迷不同于对化学物质的依赖。

不过,当前学界研究逐步将沉迷拓展到"行为"范畴。Griffiths 在 1996 年提出了"技术成瘾"一词,定义为非化学性质的人机交互[47]。Lemon 在 2002 年指出,成瘾应该被扩大到更加广泛的行为成瘾研究中[48]。美国精神病学家 Ivan Goldberg 在 1996 年最早提出"网络成瘾症"概念,他将网络成瘾视为一种行为成瘾,症状是"因网络使用过度而造成学业、工作、社会、家庭、生理心理功能上的减弱"[49]。后来,Goldberg 又修正了自己的网络成瘾术语,将其改为"病态性网络使用"。Alex S. Hall 和 Jeffrey Parsons 在 2001 年提出了"网络行为依赖"（internet behavior dependence,IBD）的概念。这一概念认为网络依赖的人具有如下特征:不能完成学习、工作、家庭方面的基本任务,较长时间使用互联网而很少获得乐趣,不上网时容易感到焦虑,多次尝试减少互联网使用但却以失败告终，不顾过度使用互联网带来的危害而坚持长时间上网，等等[50]。

虽然网上冲浪、看视频、玩游戏是否应该称为成瘾依然存在争论，但是学者一致认为过度使用网络技术是"成问题的"。

1996年，美国匹兹堡大学 K. S. Young 博士公布了互联网成瘾症状的研究报告，提出网络沉迷者的典型行为在于过度使用网络而导致在学习、社交、工作及财物上的混乱现象[51]，与病态性赌博（pathological gambling）的冲动控制障碍（impulse control disorder）最为相近。Young 对 396 个网络依赖者和 100个非网络依赖者进行问卷调查分析后发现，两组人员在应用网络类型、控制每周使用网络的困难程度，以及相关问题的严重性上存在明显差异[52]。

国外认知行为学者认为，病理性网络使用会减弱健康、认知、情感和行为等功能，但却无法在病理学上找出病理原，而且研究发现网络使用在某些部分可以补偿个体生命某些满足缺失的部分。因此，国外学者倾向于用"problematic internet use"这个较为中性、不含贬义价值判断的词来讨论过度、有问题、适应不良的网络使用行为[53]。

在理论研究方面，G. Feichtinger 提出理性成瘾理论，认为成瘾的增进，是因为当个体经常接触某些东西的可能性增加时，成瘾物品的效用也随之相应增加，这反过来又促使成瘾的可能性增加。但是，与吸烟一样，过度地使用成瘾物品会带来刺激和快感的逐渐降低，并抑制大脑中有关快感的化学物质的释放，由此个体会进一步加大或增加成瘾物品的使用剂量或次数，从而形成病态的使用模式。麦吉尔大学（McGill University）的两名心理学家 J. Olds 与P. Milner 发现动物反复进行自我刺激的脑区被称为快感中枢，约占总体脑区的 35%。脑内最重要的快感中枢是边缘中脑多巴胺系统（Mesolimbic dopamine system，MLDS），专门负责加工跟成瘾行为相关的信息部分，收到外界相关的刺激后会激活边缘中脑多巴胺系统及其他的相关脑区，产生积极的强化作用，使个体获得愉悦、兴奋的情绪体验。对海洛因、尼古丁或者和性行为等有关的研究都证明了这一点。而从目前对网络使用的研究来看，虚拟世界的成就感及新鲜感同样会产生上述效果，从而使使用者在大量接触后产生戒断反应，并由此对使用者的正常生活、价值观判断乃至身心健康都产生了较为严重的负面影响。

2. 精神病学和心理学层面的网络沉迷研究

国外关于网络沉迷的研究表现出鲜明的跨领域特质，研究始于美国精神病学家 Ivan Goldberg（1996 年）、美国心理学家 Young（1996 年），自此学界开始从精神病学和心理学两个层面开展研究。

精神病学层面的网络沉迷属于"特殊病理性网络使用"（SPIU），即重度网络成瘾，指的是个体大脑机能紊乱所造成的认知、行为和情感等方面的显著异常，不能继续进行正常的工作、学习和生活，甚至表现出自杀或攻击他人等极端行为。此层面的研究包括网络沉迷与赌博成瘾、物质依赖的异同、网络沉迷的共病机制、网络沉迷者的脑部活动、重度网瘾的症状，以及网络沉迷测量指标、诊断标准和临床治疗方案等（Wallace，1999 年；Hall & Parsons，2001 年；Beard & Wolf，2001 年；Yen 等，2007 年；Ko 等，2009 年）重度网瘾，需要正规的专业医院和精神科医生进行临床治疗，不是本书探讨的范围。

心理学层面的网络沉迷属于"一般病理性网络使用"（GPIU），即轻度和中度的网络成瘾，划入心理障碍范畴，即各种原因引起的心理或行为异常，大多数人均有或深或浅程度的表现。心理学层面的网络沉迷研究网络沉迷作为一种心理失调 / 失序（disorder）的产生因素、界定标准和问题类型；网络沉迷认知 - 心理 - 行为模型分析，包括社会满足、孤独 / 抑郁、冲动控制障碍、逃避等，网络沉迷成因的网络环境因素和个人心理因素（人格、自尊心、自制力、羞怯感、攻击性、体验诉求等）分析，网络成瘾和脱瘾的解释模型，成瘾者的注意和认知偏向等 [54-56]。

心理学层面的网络沉迷属于轻度和中度的网瘾，区别于精神病学层面的网络成瘾，这正是本书着力探讨的。

3. 网络沉迷影响因素研究

社会心理学家认为酬赏和增强作用是令网络沉迷者难以停止使用网络的原因。比如，Suler 在 1996 年将网络沉迷分为两种类型。第一种是社会类型，网络的虚拟人际关系可以提供一个不需完全真实地呈现自己、又可以与社会连接的方式，并期待在虚拟人际关系中被关怀，大部分网络沉迷均属于此类型。第二种是非社会类型，这种类型的网络使用者只为了逃避生活中的缺失部分，期待在网络中满足其自我认同、自尊及自我价值的需要。Suler 认为，不论是哪一种类型的网络沉迷，都和童年时期与他人的重要关系有关，特别是非社会类型的网络沉迷，可能与其在童年时期与他人关系中受过深深的创伤有关 [57]。

个人性格特质也是网络沉迷的影响因素之一。

Young 和 Rogers 在 1998 年的研究结果显示：越是忧郁性格的网络接触者，其网络沉迷越严重。由于忧郁症常常伴随着低自尊、动机缺乏、害怕被拒绝和需要获得他人认可的特质，所以，他们推论网络的匿名性可以帮助忧郁症患者减轻与人交流时的压力[58]。

Davis 在 2001 年针对网络沉迷影响因素，提出一个"认知行为解释模式"（Cognitive-Behavioral Model）。他强调个人认知是网络沉迷行为的主因和近因，远因是个人心理病因特质（如忧郁、社交焦虑、物质滥用等）、网络接触等。网络沉迷者，首先开端于个人接触网络，若接触者本身有焦虑、忧郁或依赖的性格，那么他会在接触网络过程中易于产生认知不良的情况。研究发现，不同的性格与接触内容上的差异，亦是造成日后不同网络沉迷类型的原因；再加上缺乏社会支持或个人孤独感等人际互动关系的影响，更易于增加和加深网络沉迷的机会和程度[59]。

前人的研究报告也证实了网络使用情况和网络沉迷程度有非常密切的正相关关系（Young，1997），具体表现为上网频率越高、使用时间越长的人群，其网络沉迷的概率相应越大。此外，网络沉迷与自我认同感及休闲生活的安排有密切关系，如拥有消遣、无聊、好奇、打发时间、好玩及自卑感等状况者均比较容易沉迷于网络。

二、国内相关工作和研究

至于国内网络使用、网络素养和网络沉迷相关工作研究进展如下所述。

（一）国内网络使用研究

笔者在中国知网（CNKI），以"大学生网络使用"为关键词，共搜索到3921 篇国内文献。仔细研读后笔者发现，国内学术界主要是从心理学、社会学和传播学三个角度来研究大学生网络使用。这些角度的学科背景、分析切入点及关注的焦点问题各有不同，但相互渗透、相互借鉴。

1. 从心理学角度研究大学生网络使用

随着互联网的蓬勃发展，大学生通过使用网络获得了便利的生活方式，改变了生活习惯，但网络也存在相当的负面效应，网络使用不当对大学生的生理、心理都带来一定损伤。基于此，国内学者主要针对促使大学生网络使用的各种因素及其后果进行了分析研究，主要包括人格特质、认知特征、使用（成就）动机、情绪智力等研究方向；另外，对网络的过度使用——网络成瘾也是学者们研究大学生网络使用的主要议题。

学者们研究发现，人格特质与网络使用呈现较大的关联性。其中，谢延明认为，网络过度使用致使成瘾的人群往往拥有一些较为特殊的人格特征，并有可能患有其他心理障碍[60]，张芝进一步发现这一人格特质与人的自尊、自我控制能力密切相关[61]；李瑛具体阐述了网络使用与人格特质中独立性、忧虑性、敢为性、紧张性等的相关度[62]；研究均证实了人格特质与大学生网络使用具备相关性。

对于认知功能对网络使用的效用，学界争议较大，部分学者研究表明，认知与网络使用（成瘾）无明显的互相影响，如党伟通过对认知结构中性别、年龄、教育水平等实验数据的计算，得出认知与网络使用并无明显相关[63]；另外一部分学者则认为认知程度会左右大学生的网络使用情况，如林绚辉和阎巩固研究发现网络成瘾与卡特尔16种人格特质量表中的推理能力和支配性呈负相关，即网络成瘾者具有相对较低的智力水平且行事较为退缩[64]。对于这一结果差异，学界普遍认为是由于受研究时间、研究群体所限造成的，有关两者的相关性还有待于进一步研究证实。

针对使用动机，学者谭文芳提出了自我肯定动机、社会性学习动机、商品资讯动机、社会交往动机和虚拟社群动机六因子，并针对六因子与网络使用的关系进行了量化分析[65]。

对于情绪与网络使用的关系，学者们的研究大致分为以下两个方向：①讨论和分析情绪对大学生网络使用产生的影响，其中林伟等通过对医学生的调研及量表测定发现，大学生情绪中的抑郁水平和社交焦虑与网络过度使用呈明显的正相关关系[66]；②讨论和分析病理性网络使用对大学生情绪的影响，比较具有代表性的是郑希付通过运用传统 Stroop 范式（斯特鲁普范式，即色词干扰任务范式）和修正的情绪 Stroop 范式（认知 Stroop 范式和情绪 Stroop 范式，分别指以网络关联词语与中性词语、情绪关联词语与中性词语为内容测试被试者反应时长）进行实验研究分析，认为网络使用满足了部分现实情感冲突，且高成瘾被试受到更明显的情绪干扰[67]。

在以上对网络使用的研究中，对过度使用（即网络成瘾）进行病理性分析的研究占据主流。其中，魏龙华通过对上海市大学生网络使用及成瘾情况个案的研究，表述了网络使用成瘾的一些相关因素，如网络的匿名性、互动性、即时性等，以及自身交往障碍、学业压力[68]。

2. 从社会学角度研究大学生网络使用

人不能离开集体而独自存在，大学生的网络使用也受到来自社会方方面面的影响，一部分学者从社会学角度切入，从涉及大学生网络使用的网络安全环境、自控与自我效能、同伴行为、社会支持等方面研究大学生网络使用。

随着网络的发展，网络安全问题日渐突显，这对于大学生的网络使用情况也有着较大影响。对网络风险进行评估有益于大学生安全地使用网络。在风险评估方向，学者主要通过量化理论研究与个案对照进行分析：章流洋等提出了大学生网络使用风险识别模糊综合评价的量化体系，提供了道德失范、网络诈骗和网络成瘾等针对大学生网络使用风险项目的评估指标[69]；而吴腾蛟和郭昀则在问卷调查的基础上，提出了当前大学生网络使用安全问题的定性研究，指出当前由于硬件设施、软件漏洞、网络安全意识欠缺造成大学生网络使用的种种安全隐患，并提出了相应的安全教育方法[70]。

互联网与人的关系日益紧密，社会生活的方方面面在网络的渗透下不断地进行着变革，网络的这种社会支持作用对大学生的网络使用产生了深刻的影响。陈晨抽取五大城市的学生为被试者，研究发现，不同网络使用程度的大学生在社会支持方面具有明显差异，社会支持因素与网络成瘾有较为显著的负相关关系，网络使用带来友伴支持和情绪性支持较弱，信息性支持和工具性支持较强[71]。梁艳则对在线社会支持与网络使用进行了分析研究，结论指出，大学生网络使用者的虚拟幸福感及其各分维度与在线社会支持总分及其各分维度呈显著正相关关系，与在线社会支持总分及其各分维度呈负相关关系[72]。

近年来，学者们开始对网络使用的人为环境进行分析研究，主要为同伴行为研究。刘璐等通过调查问卷分析的方式研究表明，同伴成瘾是大学生网络成瘾的影响因素之一，根据社会学习理论，同伴行为的奖惩情况将直接影响受试者处理事物的态度[73]。张锦涛等的研究则进一步表明，处于自我同一性发展期的个体在脱离父母家庭后越来越受到同伴影响，通过网络使用的同伴压力这一中介变量，可以间接地预测大学生的网络使用成瘾程度[74]。

网络使用者自身因素也是学者的一个研究方向，学界人士通过对大学生在网络使用中的自我效能及自我控制能力的考察，来更加明确大学生网络使用状态的自我影响因素。许毅将自我控制能力细化为思维自控、行为计划性、行为执行性、情绪和平性、情绪化五个维度。通过对上述五个维度的实验和检验，许毅发现病理性网络使用（problematic internet use, pathological internet use, PIU）具体可分为五类：信息的过度摄取、网络强迫、网络关系成瘾、网络性成瘾、计算机成瘾（网络游戏）。大学生表现出较为明显的低自我控制能力，随着病理性网络使用行为的增加，个体更容易失控，出现情绪化现象；同时，实验发现低自控能力的个体在选择性注意时对无关信息的抑制能力较差，这与网络使用行为中多项并用的分散注意力行为有密切联系[75]。

3. 从传播学角度研究大学生网络使用

作为在网络发展中成长的一代人，当代大学生的方方面面都与网络息息相关。基于大学生的这种新型网络社交形态，国内学者从传播学角度对大学生网络使用进行实证调查研究。杨学玉选取北京师范大学部分样本进行案例分析，调查表明，不论年级、专业，大学生都较普遍地使用网络，但针对不同细分人群，网络使用的时间、硬件和浏览内容也有所差异[76]。曹荣瑞等则在上海范围内对18所院校进行抽样调查，分析大学生上网的主要目的、使用途径、浏览内容[77]。其分析内容能够较好地体现出现当代中国大学生网络使用的现实状况，并能够从各种使用情况中总结出网络传播特色。而昌灯圣和昝玉林则更加深入地阐述了当前网络使用的各种不平衡，如网络娱乐与网络学习不平衡、高等教育资源网络建设与大学生的实际使用不平衡、网络交往与其他网络实践不平衡、信息索取与信息给予共享及创造不平衡[78]。这些研究对我们进一步讨论如何改善和规范网络提供了良好的现实基础。

结合传播学的"使用与满足理论"，阐释大学生的网络使用特性，并针对其传播方式建立相应的理论模型进行传播学分析。胡翼青等以网络使用验证大众传播学的使用与满足理论，在实际调查中发现，大学生对网络信息资源的满意度与网龄呈负相关关系，而同样越是对网络感到满足，对网络的依赖也越严重[79]。网络使用中即时通信工具占据很大比例，肖乃涛提出，网络即时通信工具、学生上网环境、学历层次和心理特征是大学生使用网络即时通信工具并获得满足的四个主要变量[80]。

网络使用为大学生带来全新的信息获得途径，多模态的网络使用也成为学者的研究重点之一。具有代表性的就是韦路教授等提到的基于"数字鸿沟"的多模态网络使用行为，多模态主要指信息获取途径的多模和获取信息类型的多模，由于信息关注角度不同，获取的信息内容有差异，造成了新意义上的"数字鸿沟"：高学历或家庭知识背景的个体有着更高的信息类型多模，有助于个体参与政治和社会生活[81]。

（二）国内网络素养研究

国内对网络素养的研究与国外相比，无论是在理论架构上还是在实践层面上都有着很大的不同，不同地区的网络素养的研究状况也参差不齐，研究主要集中在我国的香港、台湾和东部沿海地区。笔者基于CNKI，以"网络素养"为关键题对国内网络素养研究文献进行搜索，共检索到时间跨度为2000～2016年的1115篇文章（图1-5）。

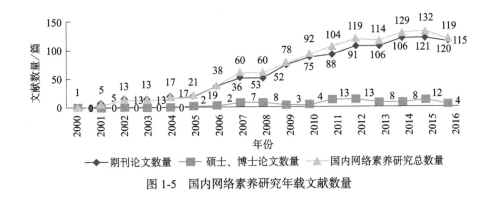

图 1-5　国内网络素养研究年载文献数量

纵观 2000 ～ 2016 年网络素养研究的相关文献，网络素养研究在观点自由的市场上出现了众多思想的结晶。根据不同的研究视角，可将其分成以下几个方面。

1. 关于网络素养定义、内涵和理论渊源等基础性研究

国内网络素养研究发端于 1997 年 1 月。中国社会科学院新闻研究所副研究员卜卫发表在《现代传播》上的《论媒介教育的内容、意义和方法》一文如今已经被引 481 次。该文提到，随着计算机及互联网的普及，西方学者已将媒介素养的内容扩展到计算机素养（computer literacy）、信息素养（information literacy）和网络素养（net literacy）三个维度。互联网时代的媒介素养不仅包括判断信息的能力，还包括有效的创造和传播信息的能力[82]。

经过 6 年的学术积累和中国互联网络的发展，2002 年 11 月，卜卫在《家庭教育》上发表《媒介教育与网络素养教育》一文，强调网络素养教育是与时俱进的媒介教育的重要组成部分。他认为，网络素养教育的内涵应包括：了解计算机和网络的基本知识，对计算机、网络及其使用有相应的管理能力；培养创造和传播信息的能力；培养保护自己安全的能力，即在网上能够处理不良信息，保护自己不受侵害。这是笔者在 CNKI 里查阅到的最早的一篇详述网络素养教育的文章。

其后，燕荣晖、蒋宏大、彭兰等从不同角度对网络素养的概念及内涵进行了不同的表述。四川大学的陈华明教授等认为，网络素养指网络用户正确使用、有效利用网络的一种能力。这些能力包括对计算机和网络有着基本了解和使用的能力、搜索和处理信息的能力、创造和传播信息的能力、在网上保护自身安全的能力及有效地利用网络促进自身发展的能力[83]。郑春晔根据网络素养

的内涵图，将其分为安全素养、认知能力、批判能力、道德素养、自我管理、自我发展等维度[84]。贝静红将网络素养定义为：网络用户了解网络知识，正确使用并有效利用网络，理性地使用网络信息为个人发展服务的一种综合能力。它包括对网络媒介的认知、对网络信息的批判反应、对网络接触行为的自我管理、利用网络发展自我的意识，以及网络安全意识和网络道德素养等方面[85]。而黄映玲等在前人的研究基础之上，认为网络素养可划分为网络知识技能、媒介态度、网络道德安全意识和网络自我管理能力四个方面[86]。

2010年，我国第一部大学公共课教材《大学生媒介素养概论》问世。教材中对"网络媒介素养"作了全面解释，认为其应该包括网民对网络、网络信息的选择与认知能力；网民对网络、网络信息的准确理解与理性批判能力；网民运用网络传播信息以实现自身发展的能力[87]。

蒋宏大认为，媒介素养是以各种方式检索、分析、评价与创造媒介内容的能力，网络素养作为媒介素养的有机组成部分，是识别、检索、评价、组织、有效创造、利用、交流信息处理问题的能力，是理性地运用网络信息为其生存和发展服务的能力。网络素养应包括六个方面的具体内容：网络媒介认知素养、网络媒介甄别素养、网络道德法律素养、网络安全素养、网络行为自我管理素养、网络发展创新素养[88]。

2008年，彭兰在《网络社会的网民素养》一文中提出了网络社会的网民素养，需要把媒介素养和公民素养结合起来，同时还要充分考虑在网络赋权情况下网民素养范围的扩展。她认为，网民应备的素养包括网络基本应用素养、网络信息消费素养、网络信息生产素养、网络交往素养、社会协作素养和社会参与素养六个方面[89]。该文下载量大（2530次），被引高达62次（截至2016年11月30日）。

中国香港和台湾地区的学者也阐述了对网络素养的不同定义。香港中文大学的Louis Leung是较早开展网络素养研究的学者。他提出，网络素养是一个包容性的概念，其包含信息素养和技术素养两大方面。因此，他认为，网络素养可以提供给人们以认知、分析、反馈、行动和经验，促使人们具备更好的理解力、批判思考能力、精确的评价能力[90]。

2. 对于不同群体网络素养的调查研究

由文献研读可知，高校思想政治工作者探讨高校学生网络素养，是网络素养研究的主要力量。从论文研究对象上看，研究学生群体（儿童、中学生、职业学校学生、大学生）的网络素养论文最多，达到120篇，其中尤以大学生为研究对象的论文最多（73 篇）。此外，除了对教育领域的教师、学生关注外，还出现向其他领域扩展的趋势，如领导干部、新闻从业人员、军队士兵、城市白领和老年群体等任何接触网络的使用者（图 1-6）。

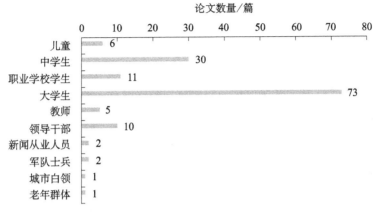

图 1-6 不同群体网络素养研究论文数量一览

3. 对于网络素养教育的多方向、多层次研究

在 165 篇论文中，以网络素养教育途径、对策、机制、路径、模式为主题的论文共有 95 篇。学者们对于网络素养教育的方法和措施的看法趋于一致，大体均以卜卫教授提出的观点为基础进行深入和拓展。他提出的"学校 + 社会 + 媒体"模式，涉及政府、学校、教师、家庭、社会组织、学生自身等多个教育主体，认为学校、媒体、社会应该共同推动网络素养教育发展，健全网络素养教育社会参与机制。大学生网络素养教育可渗透进课堂教学中，学校需要培养一批既精通学科教学，又熟练使用现代教育技术与网络资源的教师群体，然而环境引导和实践指导亦不可或缺。

学者们对网络媒介素养教育的研究成果日渐增多，许多研究者都提出应建立一个学校、家庭、社会联动的网络素养教育系统工程。黄永宜却并不认为这种方法适用于大学生。因为我国大学生大多已经远离家乡，在大学校园独立生活，大学生们在相对封闭、象牙塔式的大学生活，只是处于"半社会化"的生活状态，这些都决定了学校教育和自我教育在其培养网络媒介素养方面的重要性。因此，他提出应着重致力于推动高校网络媒介素养教育环境的形成。具体做法是：构建高校网络媒介素养教育系统工程；将网络媒介素养教育与大学生的思想政治工作紧密结合起来；形成系统的网络媒介教育教学体系；开发网络素养教育的网页或网站。高校开展大学生网络素养教育应在普及媒介素养基础知识的基础上，通过课堂讲授和讲座报告的方式，使学生能够掌握网络媒介素养的基本知识；充分利用校园网络、广播、小报等校内媒介资源开展网络素养教育；让大学生亲自参与网络媒介产品的制作或案例评价，深化其对网络媒介的认识，提升其网络媒介素养[91]。

还有一些学者结合自己的教育学学科背景，提出了详细的网络素养课程开发及其课程设计方案。黄建军借鉴美国圣迭戈州立大学的伯尼·道奇（Bernie Dodge）提出的基于网络的研究性学习——网络探究（web quest）方法，进行网络探究式网络素养互动教学设计，包括学习目标介绍、布置任务、任务情境设计、提供资源、过程描述、互动设计、学习建议、评价反思和总结[92]。华南师范大学的吴鹏泽提出了在网络学习平台上开展公民网络素养教育，需要从了解学生网络素养状况、发布课程教学计划、制作网络素养网上课程等方面开展[93]。

4. 研究方法多以思辨的定性研究为主

仔细梳理国内 2000～2016 年网络素养研究，不难看出，其研究方法正在从思辨为主的定性研究，向质化研究和定量研究相结合的研究范式转变。由于研究不同群体的网络素养，所以旨在获得第一手研究资料的实证问卷调查研究，在全国各个省市的不同群体中逐年增加。自 2005 年由郑春晔进行的对浙江杭州、宁波、温州、金华、嘉兴 7 所大学和 8 所中学的 1300 名学生《青年学生网络素养现状实证研究》（截至 2016 年 11 月 24 日，下载 504 次，被引 16 次）开始，至 2015 年，CNKI 上网络素养实证调查文献蔚为大观。在实证研究中，贝静红于 2005 年 5～7 月，面向浙江省高校、复旦大学、东华大学、华中师范大学、北京大学共 69 所高校发放网络素养调查问卷 2500 份。因为调查范围广、层次深和调查时间较早，成为后续研究者进行定量分析的首选。截至 2016 年 11 月 24 日，贝静红一文下载达 1515 次，被引 104 次[85]。

（三）国内网络沉迷研究

笔者在 CNKI 中以"网络沉迷"为关键词，共搜索到 1995～2015 年相关文献 2296 篇。研究大致可分为以下三类。

1. 网络沉迷定义及内涵研究

国内部分学者对网络沉迷的定义，多是对世界卫生组织有关"物质成瘾"的概念进行扩展得来的，大体可分为"过度使用网络""戒断症状""冲动控制障碍""使用满足"等方面。

1999 年，我国台湾学者周荣和周倩在修改了世界卫生组织对成瘾的定义后，将网络成瘾定义为"由重复的对于网络的使用所导致的一种慢性或周期性的着迷状态，并带来难以抗拒的再度使用之欲望，同时并会产生想要增加使用时间的张力与耐受性、克制、退缩等现象，对于上网所带来的快感会有一种心理与生理上的依赖"[94]。这个概念在我国得到了比较广泛的应用。

在以往的研究中，"网络成瘾"与"网络依赖"这两个名词是不作明显区分的。但是通过各种相关研究发现，真正的重度网络成瘾者所占的比例其实很小，而对网络有轻度沉迷行为的人数比例占据较大份额[95]。白羽和樊富珉编制的《大学生网络沉迷测量量表》对网络沉迷的界定目前被广泛应用。他们在《青年研究》上发表的《大学生网络依赖及其团体干预方法》一文把中轻度的网络使用定义为网络沉迷，把重度的网络使用定义为网络成瘾。

2. 网络沉迷影响因素研究

关于网络沉迷影响因素的研究，我国台湾学者们做了大量的实证研究和理论模式探讨，走在了国内研究的前列。虽然学者们认为网络沉迷的成因是多向度的，但大致可归纳为社会互动、心理特质、网络使用行为三个主要向度。

社会互动主要以人际困扰、社会焦虑作为社会互动的因素。首先，学者们发现人际互动对网络沉迷的影响。2001年，我国台湾学者林以正的实证研究结果显示：网络人际互动确实与网络沉迷有显著的关联，自尊与依附关系中的焦虑也与网络沉迷显著相关。进一步分析发现，网络社群的参与程度与沉迷之间的相关受到人际焦虑程度的中介影响，而自尊对沉迷的影响，也受到自我概念的影响[96]。

我国台湾学者范杰臣2003年的研究结果显示：高中生的人际互动对网络沉迷有明显的影响，网络社会支持确实可以帮助高中生改善情绪[97]。

我国关于网络沉迷的心理特质研究与国外研究相近，深入考察了一系列心理特质因素与青少年网络沉迷的关联，包括人格特质、社会焦虑、羞怯、自尊、忧郁、孤独、生活压力等。

我国台湾学者S. C. Yang和C. J. Tung调查了台湾地区高中网络沉迷与非网络沉迷学生之间的差异，特别关注他们的网络使用模式、满足感和交流乐趣。调查显示，沉迷网络的学生花费在网络的平均时间是非网络沉迷学生的两倍，这表明社交或娱乐动机与网络沉迷有很大联系。与非网络沉迷学生相比，网络沉迷学生认为网络对自己日常生活、学习成绩、师生关系、父母关系有更消极的影响，但是他们都认为网络可以增加同辈之间的关系。另外，研究也表明，依赖性强、害羞、沮丧和自尊心不强性格的学生更容易沉迷网络[98]。

研究发现，压力对网络沉迷同样存在影响。我国台湾学者陈淑惠 2001 年从心理病因角度进行了网络成瘾、压力与心理症状关联性的研究，发现高度网络沉迷者花费较多时间在网络使用上，呈现出较多身体化、强迫性、人际敏感性与焦虑症状，而不是忧郁、妄想意念、精神病症，而且高度网络沉迷者比较寂寞和害羞，同时经历较多压力[99]。2002 年，针对压力和青少年网络成瘾的关系，陈淑惠提出了网络成瘾的强化循环模式。研究显示，压力是造成青少年网络沉迷的关键因素，过度上网所引发的罪恶感，将强化网络沉迷的循环[100]。2004 年，彭淑芸、饶培伦和杨锦洲提出了网络沉迷要素关联性模型，认为童年经历创伤的历史因缘会引发压力因素，进而造成网络沉迷[101]。卢浩权指出，生活压力、负面情绪对青少年网络沉迷有预测力，尤以学校生活压力和焦虑情绪最具预测力[102]。

个人特征和网络使用行为也会对网络沉迷产生影响。香港中文大学的 L. Leung 利用问卷调查了 699 位 16 ～ 24 岁"网络世代"(the Internet generation)志愿者，分析、比较沉迷网络与未沉迷网络人群之间的差别。结果显示，沉迷网络的网络一代主要偏向于年轻的女性学生，网络沉迷者喜欢利用网络玩互动游戏、聊天，而未沉迷者主要利用网络收集资料。网络沉迷者几乎不看电视，表明网络对传统媒体使用的取代性也有影响[103]。

董洁如的研究显示：网络使用动机对网络沉迷有最大的直接效果，且经由网络使用时长对网络沉迷现象产生最大的影响力。网络使用的社交动机、消遣动机、平均每周上网时长、人际困扰、忧郁与自尊等六个影响因素变量对网络沉迷的联合预测力达到 62%[104]。陈冠名则提出了网络使用行为、心理需求和网络影响的网络沉迷模式[105]。

我国是最早建立青少年网络沉迷咨询诊疗机构的国家之一，在 2013 年 2 月文化部、教育部等十五大国家部委联合下发了《未成年人网络游戏成瘾综合防治工程工作方案》[106]后，网络沉迷防治与干预对策研究更蔚为大观了。

三、国内外研究现状述评

1. 国内外研究成果的特色

综上所述，国内外对于网络使用、网络素养和网络沉迷的研究已经取得了丰富的成果，呈现出以下三个特色。

（1）基础理论研究和定性研究深入。在教育学学科内学者对网络素养的研究，在心理学学科内对网络沉迷的研究都相当深入。

（2）研究方法多样。尤其是国外学者采用了问卷调查法、实地观察法、焦点小组访谈法和实验法等多种研究方法对网络素养和网络沉迷展开研究。

（3）多学科交叉研究。在传播学、教育学、行政管理学、社会学、出版学及戏剧理论等众多领域均研究了网络素养和网络沉迷问题。这些都为本书奠定了良好的理论基础。

2. 国内研究存在的问题

与国外研究相比，国内研究还存在以下问题。

（1）国内研究深度还有待深化。国外网络素养和网络沉迷的研究成果非常丰富，研究触角也伸向不同的研究方向。而国内的网络素养研究还没有引起充分、广泛的学术关照，远远没有媒介素养受到重视。2012 年，CNKI 上的媒介素养论文达到 600 篇，而网络素养研究论文则只有 35 篇。而且刊载在 CSSCI 和核心期刊上的论文更是少之又少。我国学者的论文限于单独论述网络素养的意义、网络素养现状、网络素养教育的必要性、途径和对策，对比国外深入的相关影响因素的分析，国内研究还有待深化。

国内关于网络沉迷的心理特质研究与国外研究相近，研究成果颇丰。众多学者深入考察了一系列心理特质因素与青少年网络沉迷的关联，包括人格特质、社会焦虑、羞怯、自尊、忧郁、孤独、生活压力等。但从 CNKI 上极少能查阅到从网络思想政治教育角度谈论网络素养对于网络沉迷影响的研究论文。

（2）国内定性研究较多，实证研究较少。以往国内学者大都从教育学和思想政治教育角度对于网络使用、网络素养进行定性研究。国内定性分析和描述性主观论述的文章要远远多于运用实证研究方法进行研究的论文，就是实证调查类论文也存在大多采用描述性统计分析方法、样本量不足或非等概率抽样导致研究结论不能真实反映实际情况等不足。此外，目前研究将大学生网络使用、网络素养纳入到网络沉迷影响因素的研究还很不充分，不够深入和完善，缺乏相关性、回归分析等高级统计方法的应用。在 CNKI 中，笔者没有找到运用高级统计方法研究网络素养对网络沉迷影响关系的实证研究论文。

（3）网络素养和网络沉迷关系研究不足。笔者在 CNKI 上以"网络素养和网络沉迷关系"和"网络素养对网络沉迷影响"为关键词进行搜索，只搜索到两篇相关文章。这两篇文章都是定性研究：一篇文章是从大学生沉迷网络原因出发，阐述大学生网络素养的重要性；另一篇文章从青少年网络沉迷现状和危害出发，呼唤网络媒介素养教育。而运用实证调查的定量研究和对实践操作有指导意义的理论研究相对较少。

网络素养的概念源于西方，我国学者还大都将关注点集中于对西方网络素养教育的翻译、介绍及对其进行定性研究上，呈现出了一定的西方中心论的倾向。而实践操作还不普及，目前我国还没有关于网络素养教育普及的读本，也没有中小学开设网络素养课程。网络素养教育即使是在学校层面都不系统、不全面、不广泛、不深入，与西方发达国家早已经将媒介素养教育纳入国民教育体系相比，我国未来所要完成的责任还任重而道远。

总之，目前我国学者单独针对大学生网络素养和网络沉迷的研究较多，大学生网络素养和网络沉迷关系的实证研究相对较少。因此，为了较好地回应新媒体环境下大学生网络素养和网络沉迷的现实关切，本书援用马克思关于"劳动异化"理论和传播学中媒介系统依赖理论的理论资源和经验视角，建构当代大学生网络素养对网络沉迷各影响因素模型，提出研究问题和研究假设，并以大连市九所高校学生为研究对象，采用面对面的结构性问卷调查的研究方法，运用 SPSS 高级统计分析方法进行模型验证，从而有效辨析移动互联网蓬勃发展环境下，大学生网络素养和网络沉迷的总体特征、具体情状及其与各影响因素之间的复杂关联，最终为构建基于网络素养教育视角下的大学生网络沉迷防治长效机制提供理论和实证支持。

第三节　本书主要框架和研究方法

一、本书主要框架

本书共分为七个章节，各章节的内容安排如下。

第一章为绪论。本章介绍本书的研究背景和意义，在研读国内外大学生网络使用、网络沉迷和网络素养的相关理论研究和实证调查报告基础上，对与本书内容有关的研究做了全面的回顾和现状述评，并在此基础上发现国内相关研究存在研究深度有待深化、定性研究多、实证研究少、网络素养和网络沉迷关系研究不足等问题。最后介绍了本书的研究思路、主要框架、研究方法和技术路线。

第二章为网络素养与网络沉迷的理论基础及研究维度。本章梳理和阐述了马克思异化理论、传播学中的媒介系统依赖理论发展，以及这些理论对于本书的理论借鉴意义。通过综合国内外网络素养和网络沉迷的理论和实证研究，整理相关研究量表，界定本书的研究变量和维度划分，提出研究问题，建立了较严谨的理论研究框架，构建了概念模型。

第三章为大学生网络素养与网络沉迷调查设计。本章首先提出问卷设计的要求和原则并设计了调查问卷，各个研究变量的测量都是在参考国内外相关成熟量表基础上修正形成的。问卷初稿设计完成后进行了预测试，并对问卷进行了修正，完善了问卷的研究设计。确定问卷后，以大连市 9 所高校 1000 名大学生为研究对象，采用了面对面的结构性问卷调查的方法，实施了调查。

第四章为大学生网络素养的结构维度及特点。本章基于本土化修正完善的《大学生网络素养量表》，进行了大学生网络素养探索性因子分析，提取的五个主因子构成了网络素养的特征表现。通过对问卷调查结果的分析，对当前大学生网络素养基本状况和特点有了基本把握。

第五章为大学生网络素养影响网络沉迷的模型建构与回归分析。本章根据大学生网络素养五个因子，建立了大学生网络素养影响网络沉迷的 50 条假设及理论模型，运用相关分析和回归分析方法进行实证研究，提出了网络素养五个因子影响网络沉迷四因子的内在作用机制，探索修正和拓展了大学网络素养影响网络沉迷的模型。通过增加人口统计学、网络使用和影响认知、生活满意度等自变量层级，加上网络素养各因子，采用阶层回归分析方法，建立和拓展了大学生网络沉迷多因素影响综合模型。

第六章为大学生网络素养失衡下的网络沉迷表现及原因解析。本章主要借鉴媒介系统依赖理论中关于受众–媒介–社会三角关系的研究视角，阐述随着智能手机的流行和 4G 互联网络的普及，手机媒体与社会性网络服务（social network site，SNS）结合后，大学生网络素养失衡下的网络沉迷表现。综合实证调查分析结果及以往文献著述，我们将大学生网络沉迷的原因主要分为网络自律批判素养不足、网络道德素养缺失、网络信息技术素养较低和心理素养发展不成熟四点，并分别进行了具体阐述。

第七章为网络素养教育视角下大学生网络沉迷预防机制路径分析。近年来，对于互联网管理和青少年网络沉迷的预防，已经从以前对网络内容生产者（producer）的监督和规范，演变为对网络内容消费者（consumer）的引导和教育方面。本章基于大学生网络沉迷多因素影响模型的作用机理，借鉴发达国家和地区网络素养教育经验，提出以社会教育路径、学校教育路径、家庭亲朋教育路径和自我教育路径相结合的方式开展网络素养教育，构建网络素养教育视角下的青少年网络沉迷综合防治与应对机制。

二、本书主要研究方法

本书主要运用文献综述、问卷调查和统计分析的方法，开展调查研究，力求准确、合理、有效地对大学生网络使用、网络沉迷与网络素养之间多元交叉影响关系进行深入分析，并构建网络素养教育视角下的青少年网络沉迷综合防治与应对机制。

1. 文献研究法

笔者主要从社会科学引文索引和 CNKI 数据库中，以"internet usage""internet addiction""internet literacy""网络使用""网络沉迷""网络素养"等关键词进行中外文献检索，通过对国内外文献的研读、分类整理、分析归纳和比较，基本掌握了网络使用、网络素养和网络沉迷的研究现状。

2. 问卷调查法

通过选取样本、设计问卷、问卷前测和修改、正式发放问卷、回收并统计问卷等步骤收集所需的数据。笔者对大连市 9 所高校的 1000 名在校大学生发放调查问卷，深入分析各研究变量间的总体特征、具体情状及其与各影响因素之间的复杂关联。

本书的问卷调查法采用分层整群抽样和随机抽样法，按照文科、医学、理工、经管四类学科进行随机抽样，问卷兼顾年级和性别构成，力求样本的性别、年级和所属学科与总样本分布一致。

3. 统计分析法

运用 SPSS 19.0 统计软件分析回收问卷的样本数据，针对研究设计中提出的研究问题，本书运用如下统计分析方法。

（1）描述性统计分析（descriptive analysis）：对于研究对象的个人因素、网络素养及网络沉迷倾向做描述性统计分析，包括百分比、平均数、标准差，以了解各项指标的具体分布情况。

（2）皮尔森相关分析（Pearson's correlation）：本书采用皮尔森相关分析的方法，了解大学生网络素养与网络沉迷倾向不同向度之间是正相关、负相关，还是不相关。

（3）多元回归分析（multiple regression）：本书以多元回归分析方法探讨自变量对网络沉迷各维度之间的影响力，研究使用强迫进入法（hierarchical enter），并将人口统计学变量中的名义及次序变量转为虚拟变量后进行分析。

三、本书的技术路线图

本书的技术路线图如图 1-7 所示。

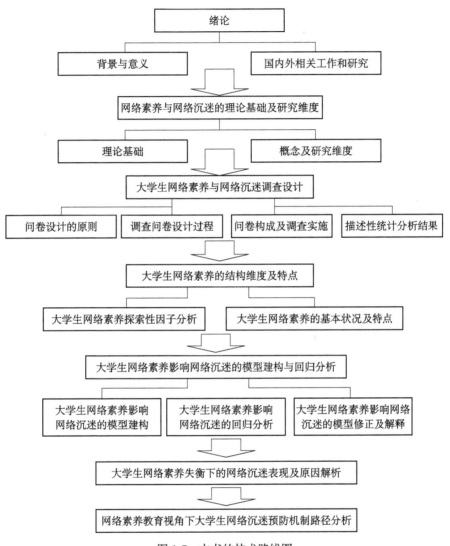

图 1-7 本书的技术路线图

第二章 网络素养与网络沉迷的理论基础及研究维度

第一节 网络素养与网络沉迷的理论基础

一、马克思的异化理论

（一）马克思的异化理论内容

马克思在《1844 年经济学哲学手稿》中提出了"劳动异化"理论。

异化的意思是脱离、疏远、受异己力量支配。异化一般是指主体在发展过程中创造的产物成为一种异己的力量，反过来反对主体本身。马克思主义者认为，异化是人的物质生产和精神生产及其产品反过来控制人的一种社会现象，私有制是异化的主要根源，社会分工固定化是其最终根源。马克思说："社会活动的这种固定化，我们本身的产物聚合为一种统治我们、不受我们控制、使我们的愿望不能实现并使我们的打算落空的物质力量，这是迄今为止历史发展的主要因素之一……个人不再能驾取这种力量，相反地，这种力量现在却经历着一系列独特的、不仅不依赖于人们的意志和行为反而支配着人们的意志和行为的发展阶段。"[107] 马克思指出，人本身的劳动异化过程，就是在资本主义的条件下，工人生产过程中产生的结果和产物，最终成了统治工人的手段，也就是物统治人。

在马克思之前，卢梭、黑格尔、费尔巴哈等思想家就阐释过异化这个理论，马克思吸收了前辈思想家的成果，并加以批判性地继承和发展，形成了关于"劳动异化"的理论。马克思认为，劳动是人类自由而自觉自愿的活动，但在私有制下，劳动发生了异化，劳动对象和劳动产品作为异于劳动者的存在物，并不属于劳动者。他认为私有制下异化主要表现在以下四个方面。

1. 工人同其劳动产品相异化

在资本主义生产过程中，工人不能占有自己创造出的劳动产品，反而在其中丧失了自我；工人不能自由自主地支配自己及自己的劳动。劳动对他们而言，变成了一种外在、异己的力量，反过来统治、压迫工人，生产得越多，这种异己力量就越大。正如马克思所说："对对象的占有竟如此表现为异化，以致工人生产的对象越多，他能够占有的对象就越少，而且越受他的产品即资本的统治。""工人生产的财富越多，他的产品的力量和数量越大，他越贫穷。工人创造的商品越多，他就越变成廉价的商品。物的世界的增值同人的世界的贬值成正比。"[108]

2. 工人同自己的劳动活动本身相异化

马克思指出："异化不仅表现在结果上，而且表现在生产行为中，表现在生产活动本身中。劳动是一个愉悦的过程，但是异化劳动中，劳动不再是自觉自愿的活动，而变成了被迫、强迫、奴役式的劳动。"马克思认为，劳动者同劳动产品的异化有着更为深刻的根源，即劳动活动本身的异化。在马克思看来，这种劳动是"肉体的强制或其他强制"下的"被迫的强制劳动"，是"满足劳动需要以外的需要的一种手段"。劳动的性质被完全改变，劳动不属于劳动者自己，而属于资本家。对工人来说，劳动变成了外在的东西。在这种劳动中，劳动者不是肯定自己，而是否定自己；劳动者不再感到幸福，而是感到不幸；不是自由地发挥自己的体力和智力，而是使自己的肉体受折磨，精神遭到摧残。如果这种强制一停止，人们就会像逃避瘟疫一样逃避劳动。劳动本身成为劳动者的一种异己的力量[108]。

3. 人同人的类本质相异化

马克思指出，人的本质就是要劳动，"自由自觉的劳动"是人的类本质。人的类本质就是一切人所共同具有的本质。"正是在改造对象世界中，人才真正地证明自己是类存在物。"但是由于"异化劳动把自我活动、自由活动贬低为手段，也就把人的类生活变成维持人的肉体生存的手段"。因而也就使"人的类本质……变成人的异己的本质，变成维持他的个人生存的手段。异化劳动使人自己的身体，以及在他之外的自然界，他的精神本质，他的人的本质同人相异化"。也就是说，在资本主义社会，劳动行为的异化使人的自由自觉的劳动变成了一种谋生手段。异化劳动的结果是让人自己的身体与除却他之外的自然界、精神本质以及其人的本质相异化[109]。

4. 人与人关系的异化

这是劳动者同劳动产品、劳动活动本身和人的类本质相异化的必然结果，因为"人同自身的关系只有通过他同他人的关系，才成为对他来说是对象性的、现实的关系"。所谓人与人相异化，就是"通过异化的、外化的劳动，工人生产出一个跟劳动格格不入的、站在劳动之外的人对这个劳动的关系。工人对劳动的关系，生产出资本家"[108]。异化劳动本质上是人的异化，是一类人对另一类人的剥削。异化的结果是工人生产得越多，他能够消费的反而越少；工人创造的价值越多，他自己越失去价值、越卑微低贱；工人生产的产品越完美，他越畸形；工人创造的对象越文明，他自己却越野蛮；劳动越有力量，工人越无力；劳动越有技巧性，工人个人越愚钝、越成为自然的奴隶[110]。马克思指出，既然人与自己的劳动产品、劳动活动存在一种异己的关系，这些产品和活动被生产出来之后不再属于他自己，那就一定是属于一个在他之外的存在物。在资本主义制度下，这另一个人既不是神，也不是自然界，恰恰就是工人通过异化的、外化的劳动产生出来的资本家。在资本主义条件下，工人阶级与资产阶级之间被剥削和剥削的根本对立关系，就是人与人关系相异化的集中体现。

马克思提出"劳动异化"理论后，异化就成了哲学范畴内广泛关注的焦点。比如，卢卡奇在《历史和阶级意识》中所阐述的物化理论，就与马克思的劳动异化理论不谋而合。西方马克思主义者进一步沿着马克思异化思想的方向向前延展。法兰克福学派把马克思主义与弗洛伊德精神分析法相结合。马尔库塞、弗洛姆、哈贝马斯等哲学家都用异化理论对西方后工业社会中的意识形态、交往理性、技术理性、大众文化和人的生存状态等进行了批判，指出了意识形态的虚伪性以及技术理性导致的人与自然之间的冲突和它对人们身心的奴役。他们认为，在马克思的年代，工人的肉体受到劳动异化的折磨，异化现象的发生主要局限于生产劳动领域，而在生产力高度发展的后工业社会，异化则更多地表现在精神层面上，并且扩展到人们日常生活中的各个领域，统治着生活在这个社会中的各阶层的人。

法兰克福学派的异化理论阐述了在垄断资本主义阶段，个体因为丧失整体感而感到焦虑不安，导致其生活全方面的错位。今天，人痛苦的根源不在于贫困或者本应为劳动者所有的劳动产品被剥夺、劳动创造本性的丧失，而更多的是在于人作为个体的心理状态的异化。弗洛姆指出：异化是一种体验方式，在其中，个人感到自己是陌生人，个人在这种体验中变得跟自己疏远起来。他感觉不到自己的行动及其结果，它们在潜移默化中成了他的主人，他只能服从甚至崇拜它们。异化的个人与自身相脱离，就像他与其他人相脱离一样[111]。

（二）马克思异化理论的当代价值

马克思异化理论虽然已经历经了一个半世纪，但其随着时代的变迁而不断发展，理性光辉依然具有价值。马克思的异化理论作为对现代性的反思而焕发出新的生命光彩。当代学者大多将异化指称为主体经过一定阶段的发展，分裂出了对立面，变成一个外在异己的力量。学者们对异化的研究集中在自己的专业领域，常常将一些社会不良发展现象统统归结成异化问题，如消费异化、技术异化和网络异化。

1. 消费异化

当今社会中，一种新的异化现象——消费异化严重毒害整个社会。异化不仅在生产领域中奴役劳动者，在休闲、消费等日常生活领域也控制着消费者。消费者面对琳琅满目的商品和广告，被激发出强烈的购物欲，他们不知疲倦地购买，兴致盎然地去消费，成了生产和消费的机器，变成商品的奴隶。为了满足自己的"需要"，他们必须无止无休地赚钱，把成就感等同于金钱的拥有数量。于是，金钱的权力日益增大，人作为生产者的权力日益减小，人变成了钱的奴隶，钱变成了人贪婪的对象。正如马克思所说：钱是从人异化出来的人的劳动和存在的本质，这个外在本质却统治了人，人向它膜拜。马尔库塞在其《单向度的人》中聚焦于现代人的生存，他说："人民在他们的商品中识别自身，他们在自己的汽车、高保真音响设备、错层式房屋、厨房设备中找到自己的灵魂。社会控制锚定在它已产生的新需求上。"[112]

其实消费者并不是真正需要这些东西，这些虚假的需要是被铺天盖地的宣传活动、广告、促销、奖励、符号、语言等激发出来的。正如让·鲍德里亚在《消费社会》中所言，"人们从来不消费物的本身，人们总是把物当做能够突出你的符号，或让你加入视为理想的团体，或参考一个地位更高的团体来摆脱本团体。"因为"消费不再是对物品功能的使用、拥有，不再是个体、团体名誉声望的简单功能，而被视为是一种沟通和交换系统，是被持续发送、接受并持续创造的编码，是一种语言"[113]。在消费社会，人变成了社会这个巨大生产机器上的一个小小齿轮，成了物，而不再是人，不仅在物质生活领域受奴役，在精神生活领域也被禁锢。在马克思看来，人的本质是从事有意义、有创造性的活动。但是在现代，被商品意识所统治人们只将自己的目光投射在拥有财富的多寡，消费的多少及物品档次的高低，他们抛弃了人的类本质，不再思考人生的意义，心甘情愿地将自己变成一台赚钱和花钱的机器。人与人之间以及人与满足自己各种需要的现实的真正客体之间的正常关系消失了。人与人之间的关系简化为物与物之间的关系，从而掩盖了现实状态下真实的社会生产关系。人类作为人的主体性的逐渐沦丧，进而导致人与他的类本质、他的理想之间的异化不断加深。可以说，消费异化阻碍了人的发展，让人成为单向度的人。

2. 技术异化

当今社会中，另一种异化现象——技术异化也非常严重。科技的发展赋予人们改造自然的强大能力，但对科技成果的不正当运用或滥用也给自然界甚至人类自身造成了无法弥补的伤害。例如，环境问题已经成为全球性的难题，多年来人类对自然的过度开发、污染，对能源资源的毁灭性开采，使得地球已变得满目疮痍。马克思深刻地看到了这一点："在我们这个时代，每一种事物好像都包含有自己的反面，我们看到机器具有减少人类劳动使劳动更有成效的神奇力量，然而却引起了饥饿和过度的疲劳。财富的新源泉，由于某种奇怪、不可思议的魔力而变成了贫困的源泉。技术的胜利，似乎是以道德的败坏为代价换来的。随着人类愈益控制自然，个人却似乎愈益成为别人的奴隶或自身卑劣行为的奴隶。甚至科学的纯洁光辉仿佛也只能在愚昧无知的黑暗背景上闪耀。我们的一切发现和进步，似乎结果是使物质力量成为有智慧的生命，而人的生命则化为愚钝的物质力量"[114]。

按照马克思的观点，机器和分工发展导致工人阶级的"非人化"，工人成了机器的"附件"，科学技术对工人来说表现为"异己的、敌对的和统治的权力"，"科学通过机器的构造驱使，使那些没有生命的机器肢体有目的地作为自动机来运转，这种科学并不存在于工人的意识中，而是作为异己的力量，作为机器本身的力量，通过机器对工人发生作用"[115]。当今时代，随着信息资源的广泛传播和信息技术的更新升级，受众在纷繁复杂的信息社会中随波逐流，逐渐进入了一种对于科学和技术的狂热崇拜之中。马克斯·霍克海默和西奥多·阿道尔诺指出，"现代科学技术聚合成一种全面统治人的总体力量，人处于深刻的异化状态之中，不仅对自然界的支配是以人与所支配的个体异化为代价的，随着精神的物化，人与人之间的关系本身，甚至个人之间的关系也神话化了"[116]。尼尔·波兹曼认为："技术垄断是文化的一种存在方式，也是思想的存在方式，技术被神化，文化要在技术中寻求认可和满足，并且听命于技术。"[117] 在某种程度上，人们对于技术的崇拜使受众丧失理性，比之于启蒙时代前的宗教信仰有过之而无不及。

3. "网络异化"

马克思异化理论的当代价值还表现在"网络异化"，可以从异化视角深入研究网络虚拟世界对当代人的异化。

从 1994 年 4 月 20 日国际互联网正式登陆中国大陆以来，互联网已经从最初的技术应用、信息获取平台演变成大众传播媒介———一种虚拟的文化、环境和社会。尤其是 4G 手机和互联网络普及后，"低头一族"比比皆是，互联网络已经成为一个外在于人的自主支配系统。个人在移动互联网络系统面前只能被动、消极地听命于它。

现如今，网络作用的二重性显露无遗，网络的发展给当代人带来极大便利的同时，也加重了网络对于人的控制，网络剥离了人的理性和情感。对于年轻受众来说，网络可以彰显个性、实现价值、获得成就感，具有强大的吸引力，但对网络使用不当，也容易迷失在虚拟世界的"黑洞"中，丧失位置感。在网络虚拟环境中，人作为网络的使用者，却反过来被网络控制和奴役。人的自主意识下降，思维方式变得"碎片化""跳跃化"，人们在庞大的信息洪流中显得被动、消极，惰性思维泛滥。人的主体异化进而导致人的生活方式的改变和异化，人们开始依赖、沉溺和迷恋媒介技术和虚拟空间，人们的生活场景被自媒体信息切割得粉碎，自媒体信息的舆论导向将人们的追求和生活方式严重"同质化"。自媒体的商业化趋势，也导致了社会大众文化的消费意识形态转向，虚假信息蔓延致使媒体公信力下降，社会性的信任危机在逐渐蔓延，自媒体生态环境的无序性使得社会问题和伦理问题丛生[118]。年轻受众变成了过度依赖网络虚拟世界的机械人、疏离冷淡的孤独人和社会的单面人[119]，如他们花在虚拟世界中的时间要多于真实世界中的人际交往所花费的时间。对于在社会层面上，网络促成了新的集权和不平等，美国媒体人安德鲁·基恩在他的《网民的狂欢——关于互联网弊端的反思》一书中，对互联网不良使用问题进行了研究，分析了互联网弊端对经济文化和价值观的影响。可以说，对互联网过度使用的网络沉迷问题，就是网络时代人的异化的重要表现。

大学生很容易迷失于巨量的数据和信息空间架构中，一方面表现为对技术、知识格外重视，而忽略了自身精神层面的提升，从而导致矛盾、冲突、错误、暴虐的观念充斥于网络行为之中；另一方面则表现为沉溺于虚幻的世界中，无法分清虚拟世界和现实空间的真实界限而无法自拔，表现出明显的被网络虚拟世界控制后的异化。

在网络媒体这样的新生技术领域的发源地和植根地，受众吸收信息资源的渠道更加多样化，收集信息资源的方式更加拓展化，发布信息资源的行为更加自由化，而大学生群体，更是将这种多样化、拓展化、自由化的方式，与其年轻、冲动、外向的性格特质相结合，其在网络等新媒体平台上的部分极端行为，引发了一系列的网络素养危机。这正如马克思所谈到的，在异化活动中，人的能动性丧失了，遭到异己的物质力量或精神力量的奴役，从而使人的个性不能全面发展，只能片面发展，甚至畸形发展。

总之，国内外学者对当代人的异化研究主要归结为消费异化、技术异化和网络异化三个层面。学者们涉猎学科甚多，有深度，但是却没有将大学生沉迷网络涉及的异化问题展开针对性研究，这正是本书研究的着力点。

二、媒介系统依赖理论

发端于 20 世纪 70 年代的媒介系统依赖理论（media system dependency theory），从媒介生态环境的维度出发，立足于受众－媒介－社会三角结构关系检视大众传播效果，认为媒介系统和个人、群体、组织与其他社会系统之间具有相互依赖的关系。

（一）媒介系统依赖理论的产生和发展

媒介系统依赖理论基于迪尔凯姆（Durkheim）的大众传媒定义而建立。迪尔凯姆认为，大众传媒不是用宣传和运动来说服人们的"劝说系统"，而是社会存在的不可或缺的"信息系统"。作为"信息系统"，媒介将自身定位成一个健全社会的必需构成部分。在这里，个人、组织及其他社会系统相互依赖以适应变动的社会环境。

1976 年，美国女学者桑德拉·鲍尔-洛基奇（Sandra Ball-Rockeach）和美国著名传播学家、社会学家梅尔文·德弗勒（MelvinL DeFleur）合作撰文《大众传播媒介效果的依赖模式》，首次明确使用"依赖模式"这一概念并阐述了"媒介系统依赖论"的假设和观点。该文试图解释媒介为何有时影响力直接强大有时却效果间接、微弱。随后在 1986 年，桑德拉·鲍尔-洛基奇又在其主编的《媒介、受众与社会结构》一书中详细阐述了这一理论。1989 年，梅尔文·德弗勒和桑德拉·鲍尔-洛基奇合作出版的《大众传播学绪论》一书又再度进一步提炼、拓展了该理论。该理论将受众对媒介的依赖关系划分为微观和宏观两个层面。

在微观层面，桑德拉·鲍尔-洛基奇和梅尔文·德弗勒从四个方面阐述了人与媒介的关系。

（1）媒介产生效果的基础在于受众－媒介－社会三角结构之间的关系。媒介不是无所不能的，它能够产生效果的原因在于媒介是否在特定的社会系统里，以某种方式满足了受众的需求。

媒介系统依赖理论提出"目标"这个概念来有别于传播学"使用与满足"理论中的"需求"。桑德拉·鲍尔-洛基奇解释说："需求"包含了理性的与非理性的动机、有意识的与无意识的动机、真实的与虚假的利益，而"目标"暗含的要解决问题的动机，对于一个建立在依赖关系基础上的媒介理论更为恰当。"目标"是构成先于媒介依赖关系而存在的个人动机的重要纬度。她认为个人与媒介系统产生依赖关系是受"生存"与"发展"两种动机的驱使，从而树立起三种"目标"依赖关系，即信息获知依赖、定向依赖（指的是作出决定时的选择和寻求解决问题的建议）和娱乐依赖，具体如表2-1所示。

表2-1　个人和媒介系统依赖关系表

信息获知依赖	定向依赖	娱乐依赖
理解自身：通过媒介使用认识自身的信仰、性格和行为等	做出决定的选择：通过获悉媒介资讯决定消费行为等	单独娱乐：独自一人通过媒介系统获得娱乐消遣
理解社会：通过媒介接触知悉社会的过去、现在和未来	寻求解决问题的建议：从信息中获得恰当处理个人及社会关系的提示和帮助等	社交娱乐：与家人、同伴朋友一起通过媒介得到放松

（2）受众对媒介的使用差异决定了媒介对自己影响力的差异。受众受到不同目标、动机和利益驱使，形成各具差异的媒介系统组合，并形成对特定媒介性质不同的依赖关系。

比如，一些人的媒介系统组合中有电视机，而另一些人有可能压根没有；有些人看电视是为了理解社会，形成社会理解依赖关系，而另一些人看电视只是为了娱乐，形成单独娱乐依赖关系。这种媒介系统依赖关系会影响到其媒介信息获取行为。同样是看电视，受理解社会目标驱使的人和受娱乐目标驱使的人，选择电视节目类型肯定有别。即使抱有相同目标的受众收看同一个节目，他们也各有所得，所受媒介系统的影响各有差异。

（3）在日益复杂的媒介化社会中，受众主要通过媒介来获取资讯，认识世界。受众越来越依赖媒介系统来理解社会、采取行动和娱乐消遣，媒介、个人和社会构成了如图2-1所示的三角结构依赖关系。

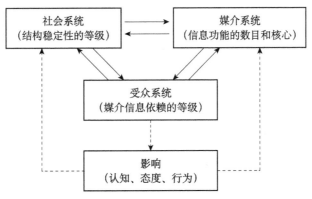

图2-1　受众-媒介-社会三角结构依赖关系

（4）受众越依赖特定媒介实现个人目标、满足利益诉求，媒介在个人生活中越扮演着重要角色。因此，每个受众受到的媒介影响各不相同，需要越多，依赖性就越强，受到特定媒介的影响力就越大。

在宏观层面，桑德拉·鲍尔-洛基奇和梅尔文·德弗勒将媒介的传播效果置于一个更大的社会系统中进行考察："媒介影响力的基础在于社会大系统、媒介在此系统中扮演的角色和受众与媒介的关系三者之间的联系。"他们从以下两点阐述三者关系。

（1）在宏观社会层面上，如果越来越多的人依赖于媒介，媒介整体上的影响力将增强，而且媒介在社会中的角色将变得更重要。

桑德拉·鲍尔-洛基奇和梅尔文·德弗勒认为，媒介系统依赖关系的两个基点是目标和资源。在古代，统治者通过限制普通百姓对信息资源（如文字书籍）的使用而控制社会。在现代社会，大众传播媒介系统成为复杂社会组织结构中必不可少的一部分。大众传播媒介系统目前控制着三种信息资源：收集或创作信息的资源、处理信息的资源、散布信息的资源。个人、群体、组织乃至整个社会系统为实现自身目标，都需要仰仗这些信息资源。大众传播媒介的影响力源于此，个体和社会与媒介系统依赖关系也由此产生。该理论由此断言，以目标和资源为基础的媒介依赖关系是解释大众传播影响效果的重要因素。

（2）媒介与社会系统互为依赖的关系导致相互间的合作与冲突。对此可以通过结构功能论和冲突论来解释这一现象，从结构功能论角度来看，社会是由相互依赖的各个部分组成的有机结构，媒介和其他社会系统彼此需要使用对方控制的资源，以求实现自身生存与发展的目标。但是，从冲突论角度来看，虽然媒介与其他社会系统为了实现各自的目标而彼此依赖，但它们也希望把对方控制的资源据为己有以摆脱依赖。换言之，媒介系统依赖理论把媒介系统和社会系统设想成"利益群体"，不仅会为了实现自身目标和利益诉求而相互依赖、彼此合作，也会为了各自利益而相互冲突[120]。

总之，媒介系统试图依赖理论全面考察受众、媒介和社会系统怎样相互发生关系，并据此来阐释媒介系统的影响力和传播效果。该理论强调媒介系统是当代社会结构中的一个重要组成部分，其性质主要是媒介与受众、社会群体、组织和其他社会系统互为依赖的关系。另外，桑德拉·鲍尔-洛基奇和梅尔文·德弗勒认为，受众和媒介关系是不对称的资源配置的权力依赖关系，媒介资源对于受众比受众资源对于媒介更为稀有和独特。同时，他们认为这种关系也是双向的，当媒体和社会系统影响着受众对媒介的依赖时，受众身上变动着的认知、情感、行动状况也同时反馈给了社会和媒体。

（二）媒介系统依赖理论在新媒体时代的发展与推进

自 20 世纪 80 ～ 90 年代以来，很多研究没有准确地阐明个体与媒介系统依赖关系的特质。桑德拉·鲍尔–洛基奇在 1998 年对媒介系统依赖理论进行了进一步解释和说明，她在论著中称，"研究文献中有种倾向，认为媒介系统依赖论是一种宏观理论，而在微观层次将其简单还原为'使用与满足'理论。这使得过去在理论视野上区分二者的努力被大大削弱了"。她在微观层次上对媒介系统依赖论进行了详尽的概念化，并将媒介系统依赖论的变项与"使用与满足"理论作了对比，深入地讨论了媒介系统依赖论的理论起源和构建过程中的困难。通过区分媒介系统依赖论和"使用与满足"理论在微观假设上的不同，桑德拉·鲍尔–洛基奇认为个人与媒体的关系是开放的、变动的，把这种关系看作是媒介系统依赖的产物，较之于把它看作是个人需求的产物能够更容易理解这一点[121]。

如前所述，媒介系统依赖理论将个人与媒介间的关系特征定义为非对称性，弱的个体依赖着强的媒介。但这种非对称性正在受到"科技"与"受众主动介入"这两个变量的挑战。传播科技的变化使人与媒介间的关系变为一个变量，个人主动介入信息生产全过程的能力也不断变化，这使个人与传媒间的依赖关系更为多样化，反映出了在新的媒介环境里，个体、媒介与社会整体关系的发展和变迁，先前假定的非对称关系需要重新考察，这为媒介系统依赖理论假设带来了两个转向。

（1）受众从对媒介内容的依赖转向为对媒介"拟态环境"的整体依赖。早在 20 世纪 20 年代，李普曼就提出"拟态环境"的概念——人们感知到的是三种现实：不以人的意志为转移的"客观现实"、媒介塑造的"拟态现实"和存在于人们意识中的"主观现实"。在高度媒介化社会里，媒介越来越成为个人和社会之间的桥梁和纽带。人们通过媒介来认知社会，使得人们的"主观现实"越来越趋同于媒介的"拟态现实"，媒介所设置的议题成为人们脑海中的重要议题，受众每天都与各自主动选择的媒介接触、交流。这种仪式性的行为证明了受众不仅生存于现实社会中，也生活在媒介制造的拟态环境中，并依赖拟态环境中获知的信息作出决定，从而形成日本传播学者谈到的"拟态环境的环境化"的现象。

（2）传播科技推动非对称关系改变。互联网技术推动所带来的媒介融合，让原本仅限于互联网的交互性、匿名性及海量信息等特点扩展到传统媒体。当今时代，个人可以能动地参与信息生产、传播发布的全过程，这使得人与媒介的依赖关系从常量变成变量，改变了原有的不对称关系。在人人都有麦克风，人人都是通讯社的今天，受众常常在社交网站自发上传自己刚刚拍摄的突发事件照片和视频，以及发表自己的观点、评论，形成受众自身的议程设置。随着受众主动介入的幅度、规模增大，个人与媒介系统的不对称关系也在不断变化着。

桑德拉·鲍尔-洛基奇和梅尔文·德弗勒将受众对媒介的依赖关系划分为理解依赖、定向依赖和娱乐依赖。这三种依赖关系也在悄然发生着改变。媒介系统依赖理论认为，无论受众个体抑或社会，对媒介的使用与目标越多，其对媒介的依赖就越深。当代社会，受众与媒介、社会与媒介的信息依赖关系的维系，已经并非仅限于媒介内容。正如贝雷尔森发现读报行为本身的习惯化也可以是一种非常常见的使用与满足类型。也就是说，受众的媒介依赖不仅出于工具性和功利性目的，也可以出于仪式性诉求。就像现在好多人每天清晨一睁开眼睛就拿起手机一样，在社会的任何角落，都能看到与手机寸步不离的人，互联网已经融入到人们生活的方方面面。在信息化社会里，受众与媒介依赖关系已经形成工具性利益关系和仪式性非利益关系两种类型。前者如获取信息、娱乐消遣等，后者如习惯上社交网站、看手机消磨时间等。

（三）媒介系统依赖理论对本书研究的启示

21世纪新媒体（互联网应用）的发展，扩大了人们的媒介选择范围，个体与媒介的关系变得更加多元。本书第五章第三节第三部分在进行大学生网络沉迷多因素影响综合模型拓展时，将"网络使用和影响认知"部分作为自变量，引入到网络沉迷多因素影响综合模型中。"网络使用和影响认知"部分的调查问卷设计依托的就是媒介系统依赖理论，关注大学生个体与互联网的整体关系。

基于媒介系统依赖理论建构起的"网络使用和影响认知"部分的调查问卷设计不同于以往。以往国外学者对网络使用的研究很多倾向于传统二分法（上网渠道）、时间基准法（上网时间），少有针对网络使用的其他状况的调查研究。国内研究多是以上网时数这一个变量来描述大学生的网络使用行为，但是关于互联网的研究，无论是采用传统的二分法（接触或未接触）还是基于时间（如上网时间）的测量，都会忽略其他语境的重要性，如网络使用的目标、功能和心理诉求。

为了弥补这一缺陷，Jung 等在 2001 年设计了一个多维度指标，被称为互联网连通性指数（internet connectedness index，ICI）。该指数就是建立在媒介系统依赖理论基础上的。ICI 是一个全新的从个人与互联网之间关系切入，考察存于互联网使用者之间的数字鸿沟的测量指数。与此前的二元测量方法及只关注网上活动的研究不同，它以多层次的连续方法测量"数字鸿沟"指数，便于更深入、细致地测量不同网络使用者在信息接触上的差异。

ICI 利用多层次和背景情境的方法来评估一个人与互联网之间的整体关系，它包含了一些常规的测量，如上网时间、上网历史、背景，同时还超越这些常规测量，延展至上网范围、上网动机和心理诉求、强度和中心性。作为使用多向维度的测量方法，ICI 比传统单向维度具有更深层次的情境意义，更能体现关于依赖的程度或与互联网连接的程度。

ICI 由以下九个方面构成。

（1）网络使用历史，评定网络接触者网络使用的年数。

（2）任务范围，即个人上网任务的数量和种类是跟工作相关，还是跟学习、娱乐相关。

（3）地点范围，个人上网的地点，包括家庭、工作单位、学校、社区中心或公共图书馆和网吧等。

（4）心理诉求范围，包含由 Ball-Rokeach（1985 年、1998 年）提出的六个媒介系统依赖目标，即六个关于互联网如何影响我们的生活的指标，具体包括两个理解性目标、两个定位目标和两个娱乐目标。

① 两个理解性目标：

a. 在一些个人关心的群体和事件上保持有限或优势地位（社会理解）；

b. 展示自我或表达自己的观点（自我理解）。

② 两个定位目标：

c. 完成学习或生活中的一些挑战和任务（行动导向）；

d. 获取有关如何与他人相处的建议（交互导向）。

③ 两个娱乐目标：

e. 自我娱乐和消遣；

f. 社交活动和结交新朋友。

（5）活动范围，指的是网络活动参与的广度，包括电子邮件、电子公告、聊天室、线上游戏、讨论组、新闻组、调查研究、购物和网上冲浪等。

（6）浏览社交网络时间，显示了人与网络互动活动连接的强度。

（7）互联网评价，即互联网对一个人产生积极或消极影响的整体评估。

（8）个人计算机依赖，评判个人对计算机设备的依赖程度。

（9）网络依赖。评判个人对网络的依赖程度。

其中，对于最后两个指标的回答是为了了解生活中个人电脑和网络对人的主体中心性[121]。

本书除了在"网络使用和影响认知"调查部分借鉴了媒介系统依赖理论，全面考察大学生个体与虚拟网络世界的关系，还将在第六章依托媒介系统依赖理论中关于媒介、社会与受众三者依赖关系视角，分析随着智能手机的流行和4G互联网络的普及，以手机为代表的媒介、SNS主要使用者——大学生及社会之间的相互依赖和沉迷的多种表现。

第二节　网络素养与网络沉迷概念和研究维度

我国台湾学者吴明隆认为，只有给概念赋予操作化定义，才能表达概念所代表的具体意义，也才能对概念的层次进行外在的观察与测量[122]。因此，各个研究变量的界定和维度划分就显得尤为重要。本书的研究思路是基于国内外研究变量界定探讨，综合可操作的变量维度划分，依据大连地区高校学生的实际情况，进行本土化整合修改，建立自己的研究变量的界定及维度划分的。

一、网络素养概念和研究维度划分

传统意义上，素养（literacy）指的是读写算的能力，随着科技的发展，素养的外延也在不断扩展、延伸。1987年，Flexner将素养定义为受教养的状况或品质，特别是指能够读与写的能力[123]。1990年，Lyman认为素养是一个团体为其成员能达到其自我设定的目标而需要的基本能力[123]。1993年，黄富顺将素养进一步细化，解释为"素养"有两层含义：第一层是传统的素养（conventional literacy），就是识字，个人所具备的读、写、算的能力；第二层是功能性的素养（functional literacy），是指个人拥有某种特定的技能，并能依据自己生活需要设定目标，以解决家庭、工作、社区等社会生活问题[123]。

陈炳男认为素养是指个人为了能理解及运用某领域的知识、技能与态度，达到自我设定的目标，并具有与外界做合理而有效的互动与沟通，以适应未来社会生活的基本能力[123]。

　　综合各位学者的看法，本书将素养定义为涵盖了认知、情感和技能三个层面，具有与时俱进的特征，指的是个人发挥自我潜能，在专业技能学习、人际互动、价值判断上不断提升，以适应社会生活的基本能力。

　　至于网络素养（network literacy）概念，是从媒介素养（media literacy）的概念延伸而来的，国内有学者将之称为"网络媒介素养"。"网络素养"一词伴随着网络的发展而不断"走红"，已经成为现代人必须具备的基本素养之一。

　　自1994年"网络素养"一词正式提出至今，学者们对网络素养的概念界定因为网络环境的变迁而不断调整深化着，呈现出"仁者见仁，智者见智"的局面。下面笔者将整理的国内外学者观点汇总如下，以便探讨本书中网络素养的概念和内涵（表2-2）。

表 2-2　国内外网络素养定义和内涵总结

学者	网络素养的定义和内涵
McClure（1994）[19]	网络素养指具有了解网络资源的价值，并能利用检索工具寻找到特定信息加以处理的能力。 （1）了解网络价值； （2）善用检索工具
Shearn（1994）[123]	网络素养指有能力从网络上确认、检索、使用和评估电子形式的信息。 （1）善用检索工具； （2）充足评估信息
Revercomb 和 Pamela Lipe（2005）[124]	网络素养指能在网络上操作检索、使用信息的基本技能，并能自行评估及分类所需的信息来源及正确性
刘俊州（1996）[123]	网络素养指个人对使用网络的认知、评估与需求的程度，使用网络所需的技能，网络社群成员如何在网络上遵循规则（伦理规范）或与其他成员互动。 （1）具备该领域的知识、态度及技能； （2）与人互动沟通
施依萍（1997）[123]	网络素养指网络使用的能力及在网络上读写说的能力（技能层面），网络使用者的主动程度及对于网络信息重要性的评估（资讯层面）
黄淑珠（2000）[125]	网络素养分成三个层面： （1）电脑网络的基本知识：包括网络概论、网络的构成、网络的通信协定等； （2）网络的操作：搜索引擎的使用、邮件传输服务的基本操作、线上沟通等； （3）网络道德：网络的安全、隐私的保护等
何文斌（2001）[124]	个人在资讯时代中，能应用网络资源来学习、与外界做合理而有效沟通和互动所需具备的基本条件，包括网络相关知识、技能与态度三种层面：对网络知识的了解程度（知识）、电脑网络软硬件、网络操作及应用的能力（技能）及对网络使用所持的看法（态度）
许玉霞（2005）[124]	对网络具有的基本认识、会使用网络搜寻正确的信息外，也包括网络安全、网络伦理的观念、内涵等

学者	网络素养的定义和内涵
贝静红（2006）[85]	指网络用户在了解网络知识的基础上，正确使用和有效利用网络，理性地使用网络信息为个人发展服务的一种综合能力。它包括对网络媒介的认知、对网络信息的批判反应、对网络接触行为的自我管理、利用网络发展自我的意识，以及网络安全意识和网络道德素养等方面
罗希哲（2008）[125]	一个人需要具备该领域的知识、技能及态度，了解网络价值和自己的信息需求、善用搜索工具、能够重组评估信息，并与人进行有效互动沟通从而解决问题的能力
周高琴和谭科宏（2015）[126]	移动互联网时代的网络素养，是指社会公民对互联网尤其是移动终端、移动网络和移动应用服务等方面出现的各种网络信息、网络行为、网络安全事件等能保持理性的批判思维，从容应对和处理变幻莫测的移动互联网环境中涌现的各类问题，以及具有推动网络发挥正面作用、有效规避其负面影响的技能或者能力

本书综合中外学者的不同观点，将网络素养界定为：个体应该具有的认识移动互联网络的特性及影响，适应移动网络技术的发展，对移动终端、移动网络和移动应用服务熟练使用与信息检索评估能力；能够进行安全而合乎伦理规范的使用；辩证地看待网络传播现象并对有害信息有一定的鉴别和规避能力；并利用移动网络让自身获得进步的综合素质与能力。

随着对网络素养研究的深入，国外学者们已经对网络素养的研究维度进行了细致的划分。

国外学者认为网络素养可以帮助人们智能地使用网络，辨别和评估网络内容，批判性地剖析网络形式，并探讨网络的影响和用途。国外网络素养的研究更加倾向于网络素养与计算机素养、信息素养的结合。

Shapiro和Hughes将网络素养划分为七个维度。①工具素养（tool literacy）：指的是在日常生活中了解和使用信息技术工具的能力；②资源素养（resource literacy）：指的是了解信息资讯的形态、来源、获取方式的能力；③社会结构素养（social-structural literacy）：指的是理解信息是如何被社会化定位和生产的；④研究素养（research literacy）：指的是了解和使用信息技术工具进行研究的能力；⑤发布素养（publishing literacy）：指的是以文本和多媒体形式设计、组织和发布自己观点和思想的能力；⑥新技术素养（emergent technology literacy）：指的是适应、了解、评估和利用新兴信息技术的意识和能力；⑦批判素养（critical literacy）：指的是批判性地评估信息技术的长处和缺点、优势与局限的能力[121]。

也有学者和组织提出了有关在使用网络和信息中应该注意的伦理、道德、法律及安全等问题的内容。例如，Dunn于2002年在加利福尼亚州立大学

（CSU）通过一个问卷提出了检验信息能力及批判思考能力的标准。在这里，他将网络素养定义为一个具有七个核心能力的体系：①在某学科范围内组织并表达一个研究问题；②明确某研究问题的信息要求并规划使用多种资源的研究策略；③通过使用合适的技术性工具，搜寻、检索以各种形式出现的相关信息；④通过分析、评估、合成和理解等方式来组织信息；⑤通过各种媒介制造并传播信息；⑥了解和信息相关的伦理、法律和社会政治性问题；⑦了解各种信息资源中采用的技术、观点和实践[127]。

美国奥尔巴尼大学、纽约州立大学为大一新生开设了网络素养课程，课程主要包括四方面的内容：①能够通过诸多资源来查找、评价、合成和使用信息；②能够了解和使用与课程学科相关的基本搜索工具；③了解信息通过哪些方式被组织和建构；④了解在使用信息中所涉及的道德伦理问题[128]。在这里，使用信息的过程中所产生的道德伦理问题被当成一个重要方面对学生进行教育。

国内学术界对大学生网络素养的理论视野或概念框架涉及网络信息素养、网络安全素养、网络道德素养、网络批判素养和网络创新素养等方面。这些角度的学科背景、分析切入点及关注的焦点问题各有不同，但相互渗透、相互借鉴。

1. 网络信息素养研究

在当今互联网络蓬勃发展的环境下，信息素养已成为个体生存、发展的必备素质，其含义也由原来只强调媒介信息的快速获取、在信息洪水中选取有价值信息的能力，发展到利用计算机网络进行信息处理、信息评价。学术界关注的焦点有大学生网络信息素养的现状与评估、高校的网络信息素养教育研究及大学生网络信息素养的构建。

张敬芝认为，网络信息素养应包括运用网络信息工具的能力，能根据自己的学习目标、主动并有目的地通过网络媒体获取与学习有关信息的能力，能准确地概述、综合、创新及表述生成信息的能力，利用网络信息解决问题的能力，自觉抵御和消除有害信息的干扰和侵蚀的信息免疫能力[129]。胡纬华和吴晓伟等对上海市部分高校中 475 名本科大学生开展问卷调查，发现当前大学生的网络信息素养总体较好，但网络信息技能方面还有待提高，大学生使用网络更多的是为了娱乐休闲，较少利用网络开展学术研究。文科大学生的信息创得分显著高于理工科大学生；女生的信息安全与道德得分显著高于男生。此外，年级和生源地也是影响大学生网络信息素养的重要因素[130]。娜日和吕继红等把层次分析法和模糊综合评判法用于网络信息素养评价体系研究中，对高校进行的全面、系统的评估网络信息素养具有现实的指导意义[131]。马费成等用信息需求、信息源选取和信息查找、信息获取能力及技巧、信息评价和处理、信息安全意识和信息伦理、信息素养认知和信息教育状况六个方面的特征，调查和分析武汉地区高校学生信息素养现状，指出正规和实用的信息素养教育才是未来高校信息教育的发展方向[132]。李智晔提出，需从学校的资源利用、课程设置、教师网络信息素养的提高和加强大学生网络道德教育等方面进行网络信息素养的培养[133]。

2. 网络安全素养研究

信息安全素养是指在信息化条件下，人们对信息安全的认识，以及针对信息安全所表现出来的各种综合能力，包括信息伦理道德、信息安全意识、信息安全知识、信息安全能力等具体内容。然而，当前大学生的信息安全素养存在许多缺失。学者们关注的焦点主要有高校网络信息安全教育、大学生网络安全素养的评估和提升措施、大学生社交网络安全等。

王厚奎和冼伟铨认为，大学教师要警惕网络违法行为、网络病毒对教学工作和校园学生的负面影响，从自身做起，在守法的前提下使用网络资源，提高网络安全技术，提升网络信息安全素养[134]。龚成和刘春艳等认为，大学生已经认识到了网络信息安全的重要性，但其自身网络信息安全素养并不高，网络信息安全知识与技术认知方面也有所欠缺，网络信息安全知识与技能学习意愿也还不足，网络信息安全行为方面也不乐观[135]。高东怀和蔡华等科学地制定出用于测量大学生的网络信息安全素养能力和网络信息安全素养评价量表，以促进大学生按照网络信息安全素养的各项指标来对照自己的行为，养成良好的网络信息安全习惯，从而使学生能够客观评价自身，达到自我认识和自我完善[136]。李成刚等认为，大学生网络信息安全素养的提升涉及政府、学校及大学生自身三个主体，包括大学生的自我意识、学校的教育培养及政府的保护引导[137]。罗力认为，大学生应全面考察自己使用的社交网站情况，主动了解网站收集使用个人信息的目的和用途，应自行采取技术手段来设置权限，谨慎发布自己的个人信息，不要填写过于详细的个人信息[138]。刘枫针对大学生信息安全素养不足的现象，从社会工程学的角度分析、探讨大学生信息安全素养养成的措施和方法[139]。

3. 网络道德素养研究

大学生在网络虚拟世界中的行为同样需要道德规范约束，需要具备相应的网络伦理道德意识。学者们关注研究的焦点主要有大学生网络道德现状、大学生网络道德失范问题、网络道德原则与规范等方面。其中，已达成共识的有关于大学生网络道德建设的必要性和紧迫性、网络道德建设的方法和途径等。

贝静红指出，大学生在网络信息的行为选择和道德的遵守上体现出崇尚自由、平等、共享的伦理原则[85]。鲁卫平认为，大学生网络道德认识主流基本正确，但价值观模糊；道德情感丰富，但网络道德较为放任自流；网络道德意志期望值较高，但自制力较差[140]。叶通贤和周鸿认为，大学生网络道德失范行为主要表现在：迷失自我价值，深陷网络不能自拔；传播和制造计算机病毒的行为；信息污染行为；网络涉黄行为；网络犯罪行为[141]。李雅梅提出，大学生应遵守的网络道德规范要求有：坚持社会主义、集体主义道德的原则；在网上遵守现实社会中的具体道德规范；对自己的网络行为负责；尊重他人的网络行为；不应利用网络伤害他人和社会；慎独[142]。肖立新等认为，只有具备律己能力，做到自觉自律，才能独立判断是非曲直，有效进行自我认识和控制，才能真正充分发挥网络造福人类的功能[143]。张卫认为，提升大学生网络道德素养应该加强大学生网络道德教育内容的教学；探索模式改革，建构科学、合理的大学生网络道德教育模式；注重说理引导，提倡"慎独"精神的教育方法；用传统的道德规范网络世界、理顺并坚持网络道德教育的若干原则[144]。

4. 网络批判素养研究

网络批判素养主要包括对各种信息来源的动机、目的、背景的了解，以及对媒介信息生产过程中各种因素的分析能力。学者关注的焦点主要有大学生批判性思维能力的现状、批判性思维的运用，以及网络批判素养的培养与提升。

陈泳认为，网络素养应以辩证批判性思维为依托，因为批判性思维能力教育有助于学生进行自觉而有创造性的整理和加工网络信息的行为[145]。王婷婷和易梦春等通过对厦门大学学生调查研究发现：大学生在网络情境下批判性思维的运用较多，其中浅层次批判性思维的运用比深层次批判性思维的运用多。在三种网络情境中，网购时批判性思维运用较多，其次是研究需要搜集信息时，最少是浏览新闻评论时[146]。贝静红认为，要引导大学生树立正确判断各类信息的观念，不仅要提高大学生的网络批判素养，更重要的是树立大学生正确的人生观、世界观和价值观[85]。董伟建认为，要培养大学生对错误信息的应对能力，抵御"网络黄毒"、网络暴力性信息的不良影响等，应加强对大学生使用网络的管理。网络素养教育模式的重点在于培养大学生"信息批判和价值判断"层面的能力，提升他们对不良信息的辨别力和免疫力[147]。郭荣梅认为，大学生网络媒介批判能力培养的前提是唤醒网络媒介批判意识，核心是培养网络媒介独立思考能力与习惯，工具是掌握网络符号分析方法，关键是进行网络信息批判实践[148]。

5. 网络创新素养研究

网络创新素养能力是大学生必备的综合素质之一。这种素养要求大学生能够有效地利用所学网络知识和技术进行再创造，并将创新成果为己所用。这既是衡量大学生网络素养水平的重要指标，也是一种个体主动参与媒介的能力。学者关注的焦点主要有大学生的网络创新能力现状、构建大学生网络学习行为模型、提升大学生网络创新行为的方法措施等。

陈新亮等通过调查发现，只有 7.8% 的大学生能够对网络信息资源进行有效的归纳、总结和创造再加工，大学生网上学习研究创新的能力还有待提高[143]。高丹认为，大学生的网络学习行为，大部分只是对信息资源的简单收集和存储操作行为的低级学习行为，较少复合和序列化所接收的信息，学习行为的程度不高，对信息资源进行深入分析、加工、再传播和使用力度的不够[149]。谢幼如和刘春华等认为，大学生个人基本条件对其网络学习创新能力有影响，男生的网络学习创新能力水平高于女生，理科生高于文科生，年级水平与大学生网络学习创新水平之间呈显著正相关关系，上网条件与大学生网络学习创新水平呈显著正相关关系[150]。李玉斌和严雪松等以计划行为理论为指导，构建起具有九个潜在变量的网络学习行为模型（USEBM）来研究大学生网络学习创新能力[151]。

本书中的《网络素养量表》参考了 Shapiro 和 Hughes 所做的网络素养七维量表（图 2-2），并做了本土化的修正。

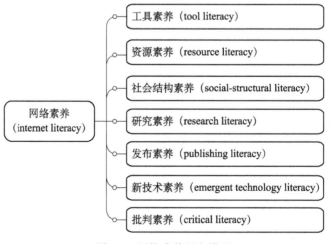

图 2-2　网络素养研究模型

基于前文国内外学者们提出的网络素养概念和维度，本书提出如下研究问题：

研究问题 1：大连地区高校学生的总体网络素养状况如何？

研究问题 2：当代大学生总体网络素养和各维度素养的特点有哪些？

二、网络沉迷概念和研究维度划分

（一）国内外学者对网络沉迷的概念界定

国内外学者对网络沉迷的概念界定，也因为所处学科背景的差异呈现出"仁者见仁，智者见智"的局面。笔者将整理的国内外学者观点汇总在表 2-3 中。

表 2-3　国内外学者关于网络沉迷的定义总结

学者	网络沉迷的定义和内涵
Goldberg[49]	定义为"网络成瘾失序症"（internet addiction disorder，IAD），是由于过度使用网络，使得个人在现实生活的适应发生问题
Shaffer（1996）[152]	网络沉迷的衍生历程，与强迫性购物行为（compulsive shopping）和强迫性运动（compulsive exercise）类似，随着上网时间的增加而无法自拔
周荣和周倩（1997）[94]	由重复的对于网络使用所导致的一种慢性或周期性的着迷状态，并带来难以抗拒的再度使用之欲望。同时会产生想要增加使用时间的张力与忍耐、克制、退缩等现象，对于上网所带来的快感会一直有心理与生理上的依赖
陈淑惠（1999）[153]	是个体过度使用网络，造成生活与身心功能上的影响，不但影响人际关系与自身的健康，也造成时间管理上的问题
Beard 和 Wolf（2001）[152]	网络沉迷是无法控制、有害的网络使用行为
孙丽（2011）[154]	是指长时间的、重复性地使用网络所导致的一种慢性或周期性的着迷状态，表现为对再度使用网络欲望的难以抗拒性和使用时间的不可控制性，以及对上网带来的心理和生理上的快感体验的长期依赖性

综上所述，本书将网络沉迷定义为因网络过度使用而导致的成瘾现象，出现一系列成瘾症状，必须通过不断增加上网时间来达到满足。一旦不能上网，身心将感到极度不适，甚至影响到现实生活和自身健康。换句话说，凡是滥用网络，对个人身心健康造成严重影响的行为都属于此类情况。

（二）研究维度划分

1. 国外的判断标准

在研究维度划分上，近 20 年国外网络沉迷的判断标准方面，研究者的观点各异。

（1）Goldberg。1996年，Goldberg在网络上成立了一个"网络成瘾支持团体"，该团体认为，网络沉迷有七点判定准则，一个人如果在12个月内，有三项以上的下述症状，即可判定为网络成瘾。其症状包含：①耐受性（tolerance），同样连续上网时间所获得的满足感明显下降；②戒断症状（withdrawal symptoms），减少或停止重度的网络使用，而导致数天至一个月内发生心理性肌肉运动不安现象，经由使用网络，可以舒缓或者避免上述症状的出现；③上网时间与频率常常会超过自己的预期；④无法成功控制自己的网络使用行为；⑤花很多时间在与网络相关的活动上；⑥因为使用网络而减少或放弃日常生活中重要的学习、工作或娱乐休闲活动；⑦不顾生理、心理、社交及工作上的问题，仍然持续使用网络[49]。

1998年，美国匹兹堡大学心理学家Young发表论文《网络成瘾———一种新的临床疾病》，公布了自己对网络成瘾的实证研究。根据《精神障碍诊断与统计手册（第四版）》（Diagnostic and Statistical Manual of Mental Disorders，Fourth Edition，DSM-IV）中病理性赌博的十项标准，Young提出了一个与网络成瘾相关的定义——"病理性网络使用"。他认为在下述八个方面中，个人符合五个或以上便可以称为网络成瘾。这八项衡量标准包括：①全神贯注使用网络（preoccupation with the internet），并且在下线后仍继续想着上网时的情形；②需要花更多时间在线上才能得到满足（need for longer amounts of time online）；③反复尝试减少使用网络，但并没有成功（repeated attempts to reduce internet use）；④减少或停止使用互联网时情绪会变坏（或称网络戒断症状）（withdrawal when reducing internet use）；⑤时间管理上出现问题（time management issues）；⑥学校、家庭、社会、工作等生活环境紧张（environmental distress）；⑦对他人隐瞒上网时间（deception around time spent online）；⑧通过上网调节自己的情绪（mood modification through internet use）[52]。

（2）Griffiths。1998年，Griffiths也提出一个网络成瘾判断七项指标，认为如果达到其中三项，即可视其为网络沉迷者。这七项指标分别为：①耐受性；②上网时间延长；③网络取代现实的活动；④以牺牲社交来得到满足；⑤不在意负面影响；⑥戒瘾的失败；⑦戒断反应[155]。

（3）Alex S. Hall 和 Jeffrey Parsons。Alex S. Hall 和 Jeffrey Parsons 在2001年提出了"网络行为依赖"（internet behavior dependence，IBD）的概念。这一概念认为网络依赖的人具有如下特征：不能完成学习、工作、家庭方面的基本任务，较长时间使用互联网而获得乐趣很少，不上网时容易感到焦虑，多次尝试减少互联网使用但却以失败告终、不顾过度使用互联网带来的危害而坚持长时间上网等[50]。

（4）J. Morahan-Martin 等。J. Morahan-Martin 等编制了病理性网络使用量表（pathologic usc scab，PUS），主要通过个体的使用反应来展开，包括十个项目。

2. 国内的判断标准

国内对于青少年网络沉迷界定标准的研究，始于对网络沉迷量表的本土化修订与信效度检验。

（1）周倩和萧明钧。2000 年，我国台湾学者周倩和萧明钧将 Brenner（1996 年、1997 年）编制的《网络成瘾行为量表》（Internet-Related Addiction Behavior Inventory，IRABI）予以修正，使之适合台湾地区的个人网络环境，编制了《中文网络成瘾量表Ⅱ》，认为网络成瘾包括网络成瘾的相关问题、网络成瘾的强迫性与网络使用的退瘾症状、网络使用时间、把网络当成社会中介、网络人际关系的依赖以及网络对日常活动的取代等六个因素[156]。

（2）林珊如和蔡金中。我国台湾学者林珊如和蔡金中针对台湾地区高中学生病理性网络使用，发展了网络沉迷量表。通过因子分析得出与"症状"相关的是耐受性、强迫使用 / 退瘾症状；与网络沉迷相关问题有关的因素是家庭、学校、健康、人际及财务[104]。

（3）陈淑惠。我国台湾学者陈淑惠[155]综合 DSM-IV 对各成瘾症的诊断标准和临床个案的观察，编制出一个应用非常广泛的《中文网络成瘾量表》（Chinese Internet Addition Scale，CIAS），共 29 题，量表将网络沉迷分为五个维度，五种症状向度分别是：①耐受度（上网时间越来越长）；②强迫上网症状（不能抑制上网欲望）；③网络戒断症状（不上网时的心理状况）；④时间管理（上网时间与非上网的安排现状）；⑤人际健康损害（对人际关系和身体的影响）[157]。这五个维度可以概括为三个方面，即过度使用网络、冲动控制障碍和上网带来的负面影响。

在我国大陆，现今对网络沉迷的研究还没有一个应用广泛而编制精良的测量工具，大多数研究所用到的测量工具是参考国外编制的问卷。

基于以上国内外文献的探讨，本书以 Young 在 1998 年提出的包含 20 个问题的测量网络成瘾的问卷[158]、Bianchi 和 Phillips 在 2005 年提出的同样包含 20 个问题的测量网络沉迷指数的问卷[159]、Leung 和 Lee 在 2012 年提出的测量网络成瘾的问卷[123]为基础，借鉴我国台湾学者陈淑惠本土化的《中文网络成瘾量表》[157]，根据大连地区高校学生的实际情况进行整合，修改、设计出包含 24 道问题的网络沉迷量表，以此来测量大连地区高校学生的网络沉迷情况。

笔者建立了如图 2-3 所示的二维网络沉迷研究模型。

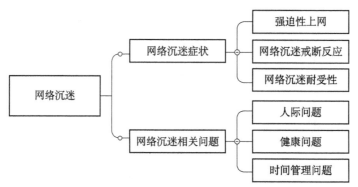

图 2-3　网络沉迷研究模型

随着网络的发展，网络沉迷现象已经越来越普遍，并且已经对大学生的生活产生了极大的影响。那么，高校学生群体中产生的网络沉迷有何种表现呢？它与何种因素有关呢？由此，本书提出了如下三个研究问题。

研究问题 3：大连地区高校学生的网络沉迷有哪些表现？

研究问题 4：大学生网络沉迷与网络素养之间是否具有相关性？

研究问题 5：影响大学生网络沉迷的因素有哪些？

第三章　大学生网络素养与网络沉迷调查设计

本章主要介绍大学生网络素养和网络沉迷量表设计及施测过程。问卷设计借鉴了国外学者的研究成果，结合中国文化情境进行了修订，初稿完成后进行了预测试，并针对预测试结果进行了修正。以大连市 9 所高校 1000 名大学生为研究对象，采用了面对面的结构性问卷调查的研究方法，从个人因素、家庭因素和学校因素三个方面对问卷进行了描述性统计分析。

第一节　问卷设计的原则

调查统计研究以调查问卷作为主要测量工具，问卷设计就成为调查统计研究的关键前提。1978 年，Dillman 建议设计问卷应该遵循以下要求：问卷前有一个简短的问卷调查说明和解释；问卷内容满足研究的要求，问卷结构清晰，问卷的题项尽量采用封闭式问题，语句要通俗易懂；问卷题项不要过多，填答问卷的时间最好以 20 分钟以内为宜[160]。

随后，Schwab[161]、Salant 和 Dillman[162] 又补充了一些更全面的问卷设计原则，以减少因问卷设计不当而造成的统计偏差。

（1）问卷的长度。控制在 6 ～ 8 页纸，以 20 分钟内能够填答完成为宜。通常，问卷越长，问卷的有效率越低。

（2）问卷的说明。可以简单介绍研究目的，进行简明的填答指导。

（3）问卷的语言。应避免使用复杂的术语、行话或缩写，应使用大多数回答者能够理解的朴素、简单、日常的语言。

（4）问卷的结构和内容。问卷结构要简单、明晰，同一量表里的问题要具有同质性和相关性，但所有题项间要确保互相排他。

（5）问题的设计方式。尽量使用封闭式问题，少用或不用开放性的问题。

（6）问卷中量表的级数。随着量表级数的增加，问卷的可靠性也随之增强，但当级数高于 5 后，问卷可靠性增加的比例会放缓。

在问卷设计时，我国台湾学者吴明隆也提出了应该注意的要点：

（1）应在问卷中穿插几道反向问答的"测谎题"，以检测填答者是否认真填答。

（2）态度量表最多为人们使用的是利克特量表（Likert Scale）中的四点量表、五点量表、六点量表[122]。

Berdie 也认为，利克特量表中的五点量表的问卷最为可靠，一般人很难清晰辨别超过五级的选项[163]。

本书以他们提出的这些设计问卷的原则为指导进行问卷设计。

第二节　调查问卷设计过程

一、问卷设计过程

在问卷调查法中，问卷设计过程也非常重要，设计过程得宜，研究才更可靠和具有价值。本书问卷设计主要遵循如图 3-1 所示的过程。

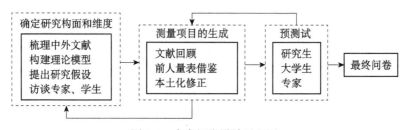

图 3-1　本书问卷设计过程图

1. 确定研究构面（constructs）和维度（dimensions）

研究构面的确定，就是将研究模型中涉及的概念变量用具体的、可测量的维度明确地表示出来。从第二章的研究模型中可以看到，本书的主要研究构面是大学生网络素养、网络沉迷、网络使用和心理诉求、生活满意度和人口统计学变量。在第二章第二节网络素养与网路沉迷概念和研究维度划分部分，详细介绍了相关概念和具体可测量的研究维度。

2. 确定研究构面和研究维度的题项（item）构成

本书充分借鉴国内外相关研究人员已经开发和使用过的量表，这些量表经过了信度（reliability）和效度（validity）的检验。笔者研读相关文献，确定研究目的、研究问题和研究对象，通过专家鉴定、信效度检测，结合中国语言、文化特点、国内实际国情、大连市高校实际状况，修正、完善了调查问卷。设计问卷题项的过程帮助笔者进一步深化了对理论和研究模型的认知。

值得一提的是，在社会科学定量研究中，多数研究者倾向于选择使用利克特量表，因为利克特量表具有等距变量的性质，可以进行求平均数、相关分析、回归分析等有意义的数据统计分析，归纳出合理的结论[164]。因此，本书问卷以利克特量表为主进行设计和编制。

　　本书预调查问卷共分为五个部分：第一部分是"个人基本情况"，涵盖个人、学校和家庭三方面的 10 个题项（问卷编号为 Q1.1 ～ Q1.10）；第二部分为"大学生网络使用和心理诉求问卷"，包含网龄、上网地点、网络活动等 8 个大题 27 个题项（问卷编号为 Q2.1 ～ Q2.8）；第三部分为"大学生网络素养现状调查"，共计 28 个题项（问卷编号为 Q3.1 ～ Q3.28）；第四部分为"大学生网络素养教育问卷"，共计 9 个题项（问卷编号为 Q4.1 ～ Q4.9）；第五部分为"大学生网络沉迷情况调查"，通过四级量表形式（1 代表"极不符合"，2 代表"不符合"，3 代表"符合"，4 代表"非常符合"），下设 33 个题项（问卷编号为 Q5.1 ～ Q5.33）；第六部分为"大学生生活满意度调查"共计 5 个题项（问卷编号为 Q6.1 ～ Q6.5）。问卷中除个人基本情况、网络素养教育和网络使用少部分题以外，其余均采用利克特量表中的四级和五级量表形式，共计 102 个问题。

　　3. 为提高问卷的效度和信度，问卷初稿设计完成后进行了预测试

　　预测时选取样本数应该多少最适宜？吴明隆认为，预测对象人数的原则应该是遵循问卷中那个题项最多分量表的 3~5 倍人数。网络沉迷分量表包含 33 个题项，则预测对象最好是在 99~165 人[122]。Comrey 认为，如果量表的题项数少于 40 题，中等样本数约为 150 人，较佳的样本数是 200 人[165]。Tinsley 认为，预测人数与量表题项数比例约为 1:1 最合适[166]。综合几位专家意见，预测样本数定为 200 人。

　　预测试首先在笔者所教授的学生群体中进行，16 名新闻传播学研究生参与了预测，主要考察了问卷的长度和耗时、题项语言是否明白易懂、问题和答项设置是否合理等。问卷耗时平均为 25 分钟，时间略偏长，根据预测试结果分析后，笔者删减了一些题项。

　　然后，笔者通过方便抽样的方式，将 200 份问卷发放给公共必修课的大学生（大课、涵盖多个专业、年级为大二）进行问卷预测试，以测试问卷中所涉及的题项的合理性以及是否有所纰漏等。

二、预测试结果分析及信效度检验

（一）预测试样本特征分布

　　问卷预测试共发放问卷 200 份，回收问卷 198 份，笔者逐份检查筛选了问

卷，删除了不诚实填答、数据不全或同一性答案的问卷，获得有效问卷162份，有效回收率81.8%。笔者进行数据输入和数据清理后，运用SPSS 19.0统计软件对有效问卷进行处理和分析。预测试样本特征分布如表3-1所示。

表 3-1　预测试样本特征分布

样本特征		样本数（N=162）		样本特征		样本数（N=162）	
		数量 / 份	占比 / %			数量 / 份	占比 / %
性别	男	114	70.4	成绩情况	优秀	8	4.9
	女	48	29.6		良好	45	27.8
年级	大二	161	99.4		中等	67	41.4
	大四及以上	1	0.6		较差	24	14.8
家庭住址	城市	78	48.1		差	17	10.5
	县镇	39	24.1		缺失	1	0.6
	农村	45	27.8	专业类别	理工科	161	99.4
					文科	1	0.6

（二）预测试问卷的项目分析

项目分析主要为了求出问卷中题项的"临界比率"（critical ratio，CR 值），将未达到显著水准的题项删除，其主要操作步骤如下。

首先将量表的反向题项重新计分。预测试问卷的第三部分"大学生网络素养现状调查"，第17题"对于我不喜欢的老师或同学，我会把他的照片或电话挂在网上，开他的玩笑"和第18题"为了参加网络上的赠奖活动，我必须在网络上将个人资料填写完整，如真实的姓名、电话、证件号、住址等，这样如果我中奖了他们才有办法联络到我"，作为两道测试填答者是否据实填答的"测谎题"，需要进行重新的计分转换。

接着需要求出量表总分，并将量表总分按照升序和降序排序，找出高度分组上下27%处的分数。162份有效问卷的27%就是排序的第44位，分别找到网络素养组由高到低第44位是89分，由低到高第44位是79分；网络沉迷组由高到低第44位是80分，由低到高第44位是66分。然后依临界分数将观察值在量表之得分分成高低两组。

最后以独立性样本 t 检验两组在每个题项的差异，通过方差方程的 Levene 检验和方差分析，分成假设方差相等和不相等两种情况，分析假设条件是否成立。

首先看方差齐性检验的 F 值，若 F 值达到显著（$p < 0.05$），则说明两个

组别方差不相等，这时看假定方差不相等所列的 t 值。t 值显著（$p < 0.05$），表示此题项具有鉴别度。若 t 值不显著（$p > 0.05$），说明此题项不具有鉴别度。

若 F 值不显著（$p > 0.05$），则说明两个组别方差相等，那么需要查询假设方差相等所列的 t 值，t 值若显著（$p < 0.05$），说明此题项具有鉴别度。若 t 值不显著（$p > 0.05$），表明此题项不具有鉴别度[167]。

根据上面的判断原则，本书的预测试问卷的大学生网络素养问卷和网络沉迷问卷部分的 t 值均达到显著，表示预测试问卷的题项均具有鉴别度，所有题项均能鉴别出不同受试者的反应程度。

（三）预测试问卷的信度检验

为进一步了解问卷的可靠性与有效性，需要做信度检验。本书所采用的信度检验主要是检验问卷内部的一致性和稳定性。克龙巴赫 α 系数（Cronbach's α coefficient）是利克特量表中常用的信度检验方法。α 系数值介于 0 和 1 之间，值越接近 1 表示信度越高。测试同质信度的基本公式为

$$\alpha = \frac{K}{K-1}(1 - \frac{\sum s_i^2}{s^2}) \quad\quad (3\text{-}1)$$

式中，K 为量表所包括的总题数；$\sum s_i^2$ 为量表题项的方差总和；s^2 为量表题项加总后方差。

初步测试采用 α 计算克龙巴赫 α 系数，结果见表 3-2。

表 3-2　各量表信度分析结果

项目	题项数	克龙巴赫 α 系数
总量表	72	0.764
网络沉迷分量表	33	0.947
网络使用与心理诉求分量表	6	0.580
网络素养分量表	28	0.731
生活满意度分量表	5	0.819

DeVellis[168]、Nunnally[169] 等认为问卷达到 0.7 以上的信度系数比较好，如果信度低于 0.60，应该重新编制或重新修订研究工具较为适宜，故笔者剔除并整合了网络使用与心理诉求分量表信效度较低的题项。由表 3-2 可知，除了网络使用与心理诉求分量表，总量表和各分量表的系数都超过 0.7，网络沉迷分量表信度系数达到了 0.947，说明网络沉迷、网络素养、生活满意度内部一致性程度系数均达到相当高的水平，由此说明此问卷的稳定性和可靠性很令人满意。

（四）调查问卷的效度分析

效度是指测量工具正确衡量研究对象的程度，即准确性。效度越高，表示测量结果越能准确显现测量对象的真正特质。效度是一个多层面的概念，效度检验必须针对特定的研究目的、适用范围，从不同角度分别收集数据进行分析。

本书主要从内容效度和结构效度两方面来分析预调查问卷的效度。

1. 内容效度（content validity）

内容效度指的是实际内容与所测内容的吻合程度，内容效度没有量化指标，只是推理和判断的过程。确定内容效度的两个条件分别为：一是要有定义完好的内容范围，二是题项应是所测内容的代表性取样。如果题项恰当地代表了所界定的内容，则说明问卷具有比较好的内容效度。

Straub 认为，保证比较好的内容效度的方法之一就是请专业领域专家对量表进行反复评价。此外，为了设计具有较好内容效度的问卷，研究者需要依照研究理论框架，搜集相关问题，选择能够涵盖所测研究范围的问题，这样才能保证研究工具的内容效度[170]。

本书对于各个变量的测量都是建立在充分研读文献的基础上的，本书从问卷设计之初就尽力避免各种误差的发生。问卷设计注意题项的无偏、完备，内容参考国内外相关研究论文中的成熟量表，注重版面设计，使问卷尽可能做到可信、清晰、易懂。在正式施测之前对问卷进行了预测试，对一些信度和效度不高的题项进行了合并或删减，问卷回答时间控制在 20 分钟以内，使受访者不至于产生厌倦心理。调整后的问卷又征询了专家的意见。

通过以上较为严格的修正程序，最终确定了本书的量表，可认为该量表已具有较好的内容效度。

2. 结构效度（construct validity）

结构效度是了解测量工具是否反映了概念和命题的内部结构，比较所得结果中的两组或多组题型，若两者间有某种相关关系存在时，就表示此问卷具有某种程度的结构效度。由于结构效度的方法是通过与理论假设相比较来建立的，因此又被称为理论效度。结构效度可分为"收敛效度"与"区别效度"两种形式。收敛效度指的是以不同方法测量同一个构面时，两个测量结果间具有较高的相关程度。区别效度指的是以相同方法来测量不同构面时，其两个测量结果之间具有较低的相关程度[170]。

本书将采用主成分分析法来检验问卷的结构效度。做主成分分析时，当测量同一构面的一组题项落在一个因子上时，那么量表就具有收敛效度；当理论上有区别的构面不具有高度相关性时，那么量表就具有区别效度。

在进行主成分分析前，先要进行 KMO 样本测度及巴特利球体检验，测定量表是否适合做因子分析。依据 Kaiser 的观点，KMO 是 Kaiser-Meyer-Olkin measure of sampling adequacy 的取样适当性量数，KMO 指标是用来比较变量间简单相关和偏相关系数的。其值越接近 1，说明变量间的共同因子越多，越适合做因子分析，一般 KMO 指标达到 0.8 以上即可表明数据适合做因子分析；KMO 指标达到 0.5 以下时，则不适合做因子分析。其判断的标准见表 3-3。

表 3-3　因子分析的 KMO 值标准

KMO 值	因子分析适应性
0.9 以上	极适合
0.8～0.9	适合
0.7～0.8	尚可进行
0.6～0.7	勉强可进行
0.5～0.6	不适合进行
0.5 以下	非常不适合

分别对大学生网络素养分量表、网络沉迷分量表和生活满意度分量表进行检验，如表 3-4～表 3-6 所示。

表 3-4　大学生网络素养分量表的 KMO 样本测度结果和巴特利特球形检验结果

取样足够度的 KMO 度量		0.849
巴特利特球形检验	χ^2	1635.619
	df	378
	p	0.000

表 3-5　大学生网络沉迷分量表的 KMO 样本测度结果和巴特利特球形检验结果

取样足够度的 KMO 度量		0.902
巴特利特球形检验	χ^2	2867.060
	df	528
	p	0.000

表 3-6　大学生生活满意度分量表的 KMO 样本测度结果和巴特利特球形检验结果

取样足够度的 KMO 度量		0.790
巴特利特球形检验	χ^2	300.160
	df	10
	p	0.000

从表 3-4～表 3-6 可以看出，大学生网络素养分量表的 KMO=0.849（＞0.5），网络沉迷分量表的 KMO=0.902（＞0.5），生活满意度分量表的 KMO=0.790（＞0.5），均适合进行因素分析。

此外，从表 3-4～表 3-6 可以看出，巴特利特球形检验的显性概率均是0.000，小于 0.01，达到显著，代表变量间的共同因素存在，适合做因子分析。

国内外社会科学研究专家均认为主成分因素分析法是目前最有力的效度检验方法。探索性因子分析是研究相关矩阵的内部依存关系，将多个变量 x_1，x_2，$\cdots$，x_p 综合为少数几个因子 F_1，F_2，$\cdots$，F_m 以再现因素之间相关关系的一种统计方法[171]。因素分析是探求分析指标的共性，将共性大的指标合并组合成一个新的指标，从而减少分析变量的数目，达到降维的目的。

具体来看，测定结构效度的公式如式（3.2）所示：

$$\begin{cases} x_1 = a_{11}F_1 + a_{12}F_2 + \cdots + a_{1m} + a_1\varepsilon_1 \\ x_2 = a_{21}F_1 + a_{22}F_2 + \cdots + a_{2m} + a_2\varepsilon_2 \\ x_p = a_{p1}F_1 + a_{p2}F_2 + \cdots + a_{pm} + a_p\varepsilon_p \end{cases} \quad （3-2）$$

其中，x_1，x_2，x_3，$\cdots$，x_p 为 P 个原有变量、标准差为 1 的标准化变量，F_1，F_3，$\cdots$，F_m 为 m 个因子变量，m 小于 P，表示成矩阵形式是

$$X = AF + a\varepsilon \quad （3-3）$$

预测试的网络沉迷分量表的结构效度如表 3-7 所示。

表 3-7　预测试网络素养分量表的结构效度系数

题目	因子载荷量（正交旋转）							
	1	2	3	4	5	6	7	8
Q3.13	**0.800**	−0.004	0.259	0.083	−0.151	−0.011	0.009	−0.021
Q3.14	**0.798**	0.092	0.200	0.141	−0.169	−0.015	−0.083	−0.035
Q3.15	**0.740**	0.208	0.057	−0.068	0.051	0.069	−0.094	0.091
Q3.19	**0.700**	−0.007	−0.052	−0.148	0.073	−0.177	0.075	0.017
Q3.11	**0.631**	−0.107	0.200	0.210	−0.125	0.340	0.008	−0.036
Q3.16	**0.574**	0.174	0.154	−0.266	0.243	0.226	0.006	0.152

续表

题目	因子载荷量（正交旋转）							
	1	2	3	4	5	6	7	8
Q3.20	**0.557**	0.386	0.099	0.163	0.170	−0.351	0.020	0.036
Q3.12	**0.515**	0.305	0.115	0.281	−0.113	0.244	0.214	−0.067
Q3.26	0.133	**0.793**	0.034	0.077	0.067	0.205	0.007	0.056
Q3.27	0.056	**0.760**	0.106	−0.135	0.004	0.107	−0.050	0.104
Q3.22	0.006	**0.717**	0.164	−0.180	0.180	−0.062	0.126	−0.169
Q3.25	0.040	**0.698**	0.063	−0.149	−0.043	−0.007	0.077	0.078
Q3.23	0.182	**0.607**	0.038	−0.318	0.312	−0.026	0.183	−0.125
Q3.28	0.281	**0.550**	0.234	0.197	−0.120	0.055	−0.389	−0.012
Q3.10	0.076	**0.511**	**0.468**	0.030	0.000	0.172	−0.159	0.155
Q3.4	0.070	0.083	**0.823**	0.019	−0.085	0.013	0.028	−0.005
Q3.5	0.076	0.241	**0.763**	0.118	−0.011	−0.040	0.037	0.085
Q3.2	0.227	0.302	**0.659**	−0.010	0.100	0.161	0.173	0.127
Q3.6	0.159	−0.126	**0.657**	0.080	0.228	−0.049	−0.015	−0.224
Q3.1	**0.434**	0.071	**0.596**	0.206	−0.102	0.154	0.117	0.080
Q3.21	0.143	**0.427**	**0.446**	−0.155	−0.227	−0.391	−0.156	−0.019
Q3.18（R）	0.021	−0.171	−0.006	**0.809**	−0.012	−0.036	−0.011	0.062
Q3.17（R）	0.076	−0.128	0.240	**0.742**	0.015	−0.019	0.003	−0.067
Q3.3	−0.061	0.254	0.096	−0.005	**0.792**	0.039	−0.225	0.104
Q3.9	0.329	0.258	0.285	−0.004	−0.420	0.113	−0.263	0.256
Q3.24	0.094	0.378	0.103	−0.103	0.019	**0.709**	−0.092	−0.018
Q3.7	0.040	0.109	0.163	0.011	−0.143	−0.035	**0.825**	0.034
Q3.8	0.057	0.028	0.031	0.004	0.046	−0.023	0.031	**0.906**
特征值	7.042	3.345	2.136	1.379	1.182	1.143	1.079	1.017
方差解释率	25.150	11.945	7.630	4.924	4.222	4.081	3.854	3.631
累积方差解释率	25.150	37.095	44.725	49.649	53.871	57.952	61.805	65.437

注：表中反向题目一律采用（5−k）的方式进行处理，k 表示被试者在该项目上选择的分数。因子载荷大于 0.40，标注下划线"____"。

由表 3-7 可以看出，全部 28 个自变量题项落在了 8 个主成分因子上，8 个因子累积解释了总变异量的 65.437%，即它反映了 28 个变量的 65.437% 的信息量。考虑到因子数量过多，而且有些题项（如 Q3.1、Q3.21）卸载在了两个主成分因子上，需要对有些题项进行删除或合并。

表 3-8 显示，全部 33 个自变量题项落在了 7 个主成分因子上，7 个因子累积解释了总变异量的 66.050%，即它反映了 33 个变量的 66.050% 的信息量。考虑到因子数量过多，而且有些题项（如 Q5.13）卸载在了两个主成分因子上，需要对有些题项进行删除或合并。

表3-8 预测试网络沉迷分量表的结构效度系数

题目	因子载荷量（正交旋转）						
	1	2	3	4	5	6	7
Q5.27	**0.747**	0.086	0.267	0.242	0.097	-0.142	0.102
Q5.22	**0.693**	0.108	0.074	0.136	0.058	0.109	0.276
Q5.19	**0.661**	0.170	0.271	0.036	0.341	0.045	-0.033
Q5.21	**0.656**	**0.455**	0.061	0.064	0.107	0.143	-0.138
Q5.33	**0.633**	0.008	0.187	0.321	0.229	0.073	0.080
Q5.28	**0.629**	0.201	0.160	0.268	0.165	0.093	0.198
Q5.1	**0.544**	0.300	**0.435**	-0.085	0.011	0.192	0.074
Q5.23	**0.463**	0.282	**0.449**	0.281	-0.029	-0.125	0.318
Q5.8	**0.447**	**0.442**	0.326	0.191	-0.115	0.190	0.058
Q5.24	0.161	**0.759**	0.059	0.226	0.134	-0.081	0.079
Q5.12	-0.034	**0.754**	0.235	0.106	0.143	0.153	0.062
Q5.25	0.168	**0.702**	-0.054	0.169	**0.407**	0.043	0.059
Q5.15	**0.418**	**0.583**	0.255	0.131	-0.168	0.206	0.280
Q5.17	0.262	**0.528**	**0.434**	0.150	-0.126	0.048	0.072
Q5.18	0.277	**0.480**	0.132	0.303	0.247	0.028	**0.401**
Q5.14	0.399	**0.465**	0.264	0.306	-0.172	0.161	0.196
Q5.7	0.288	**0.423**	0.288	0.214	0.393	0.254	-0.105
Q5.3	0.263	0.121	**0.749**	0.127	0.027	0.099	0.053
Q5.2	0.231	0.221	**0.698**	-0.091	-0.007	0.034	-0.025
Q5.4	0.054	0.194	**0.679**	0.110	0.243	-0.242	0.108
Q5.10	-0.045	-0.058	**0.635**	0.282	0.069	0.373	0.281
Q5.6	0.366	-0.041	**0.623**	0.066	0.353	-0.160	-0.024
Q5.11	0.119	0.182	**0.523**	**0.272**	0.139	0.333	-0.241
Q5.26	0.126	0.384	0.028	**0.723**	0.021	-0.022	0.015
Q5.30	0.275	0.169	0.127	**0.674**	0.124	0.342	0.222
Q5.29	**0.434**	0.119	0.122	**0.671**	0.188	0.195	-0.092
Q5.13	0.131	**0.548**	0.191	**0.562**	0.066	0.107	0.054
Q5.20	0.236	0.361	0.316	**0.445**	0.034	0.059	0.197
Q5.31	0.207	0.140	0.164	0.005	**0.700**	0.162	0.203
Q5.32	**0.479**	0.063	0.014	0.271	**0.488**	0.154	0.198
Q5.5	0.120	0.234	**0.421**	0.321	**0.476**	-0.269	-0.010
Q5.9	0.181	0.199	-0.011	0.215	0.133	**0.755**	0.065
Q5.16	0.315	0.228	0.052	0.055	0.244	0.065	**0.728**
特征值	12.630	2.291	1.951	1.449	1.396	1.076	1.003
方差解释率	38.272	6.942	5.913	4.391	4.231	3.261	3.039
累积方差解释率	38.272	45.214	51.127	55.519	59.750	63.011	66.050

注：因子载荷大于0.40，标注下划线"____"。

为了简化问卷题项和数据分析，Comrey（1988）指出因素分析载荷大于0.71 为优秀，大于 0.63 为非常好，大于 0.55 为好的，大于 0.45 为尚可，小于 0.32 为较差[167]。一些学者认为，剔除项目的标准载荷应不小于 0.45。运用此标准将载荷低于 0.45 的项目剔除，保留载荷相对较高的项目。同时，参考社会学专家的观点，需要删除那些同时落在两个或两个以上因子，载荷超过0.35 而且相互之间非常接近的问卷题项。删除后继续做因素分析，直到所得的结果没有任何一个问卷题项在两个以上因子上的载荷超过 0.35，且数值也很接近[172]。

通过对预测试量表的分析，笔者多次删除了载荷在 0.4 以下的题项，以及某些负载较小，载荷在两个因子上，意义含混的题项。网络素养分量表删除了 Q3.1、Q3.10、Q3.21、Q3.24，网络沉迷分量表删除了 Q5.1、Q5.7、Q5.11、Q5.12、Q5.18、Q5.23、Q5.24、Q5.25、Q5.31，其他量表没做题项删减，在此不作赘述。

最后，笔者采纳并汲取了多位学者对问卷提出的意见及建议，将网络沉迷分量表的第 9 题"我曾不止一次因为上网（包括写作业及玩乐）睡不到四小时"和第 27 题"上网对我的身体健康造成负面的影响"，改成反向测谎题："我没有因为上网（包括写作业及玩乐）而减少睡眠"；"上网对我的身体健康没有造成任何负面的影响"。

另外，在问卷预测试的过程中，笔者发现很多被测试者潜意识中认为网络沉迷是一种负面情形，故在这部分问卷中刻意回避一些问题，没有填答出真实想法。故在问卷正式发放前，我们把这部分问卷名称修改为"大学生网络接触行为与影响"，效果比预测试好。

第三节　问卷构成及调查实施

一、正式施测问卷构成

正式施测问卷一共包含 103 个问题，分为 5 个部分，经过测试需要 20～25分钟填答完成。量表大多采用利克特量表的形式，详见附录。

问卷开头简要说明了研究目的，并提供了答题指导。问卷正文的第一部分是网络使用和心理诉求问卷；第二部分是网络沉迷量表；第三部分为网络素养问卷，包括笔者希望了解的大学生信息素养、道德素养、技术素养等情况；第四部分是生活满意度问卷；第五部分是个人基本情况（表3-9）。为了控制问卷的长度，对有些概念使用单项量表测量。例如，对"网络素养教育"部分，本书就用"您同意网络素养教育是一种终身教育的观点吗？"来测量。对有些较为复杂的概念，本书则采用利克特量表测量，如对网络素养和网络沉迷的测量。

表3-9　正式量表的构成

研究构面	维度	参考量表	利克特量表	题项
网络使用与心理诉求	使用与心理认知、网络依赖认知	Rokeach（1998）、Loges 和 Jung（2001）、Leung（2009）	五级	Q2.1～Q2.10
网络沉迷	人际问题、冲动控制障碍、时间管理问题、身心健康损害	Young（1998）、Bianchi 和 Phillips（2005）、Leung 和 Lee（2012）、陈淑惠（2003）	四级	Q3.1～Q3.24
网络素养	安全道德素养、信息技术素养、互动创新素养、自律批判素养	Shapiro 和 Hughes（1996）	四级	Q1.1～Q1.24
生活满意度	大学生对生活满意度自我评价	Diener 等（1985）	五级	Q4.1～Q4.5
社会人口统计变量	性别、年级、专业类别、学习成绩、家庭居住地、月收入、性格特质等	—	—	Q5.1～Q5.14

二、调查目的和调查方法

本书为了较好地回应新媒体环境下大学生网络素养对网络沉迷影响的现实关切，本书研究援用了马克思异化理论和传播学中媒介系统依赖理论的理论资源和经验视角，以当代大学生为研究对象，进而提出研究问题和研究假设，构建大学生网络素养对网络沉迷的多因素影响综合模型，通过问卷调查，运用SPSS高级统计分析方法进行模型验证，具体量化各影响因素对大学生网络沉迷的影响，最终构建网络素养教育视角下的大学生网络沉迷防治长效机制。

本次研究采取匿名问卷调查方法。由大连理工大学人文学部新闻与传播学系教师和传播学学术型硕士研究生作为调查人员，老师对研究生进行了调查培训。为确保数据的公正性，被调查大学生采用匿名填答方式，问卷发放按照分层随机抽样方式进行。

在组织研究生实施调查过程中，严格控制调查过程中诸多人为影响因素，以确保问卷的信度。过程如下：

（1）调查问卷经过预测试、修改和多次论证，确定正式问卷内容，最终从网络使用和心理诉求、网络沉迷、网络素养、生活满意度和个人基本情况五个方面进行调查。

（2）对研究生进行调查培训，明确告知本次调查的目的和实施方法。

（3）按照面对面发放问卷的方式，给填答者讲解不明之处。

（4）严格控制调查各个环节，由笔者一人负责问卷审核，剔除无效问卷，确保调查质量。

三、样本选择和抽样步骤

本书采用分层随机抽样的方法。社会学家认为，如果受试者母群间的差异很大，异质性很高，或某些样本点很少，为顾及小群体的样本点也能被抽取，应采用分层抽样较为适宜。本次对大连市高校在校大学生的抽样，因为受试者母群分属"985 工程"高校、"211 工程"高校、专业院校和民办三本院校，异质性高，所以笔者先将母群体分成几个互斥的小群体，然后从每层中利用随机抽样的方式，依照一定比例抽取若干样本数。

根据学者 Gay 所谈到的分层随机抽样的步骤[173]，本书的抽样步骤如下。

（1）确定与界定研究的母群体：本书全部数据来自对大连市 9 所高校（大连理工大学、大连海事大学、东北财经大学、辽宁师范大学、大连医科大学、大连外国语大学、大连工业大学、大连理工大学城市学院和大连东软信息学院）大一至大五在校大学生进行的面对面问卷调查。

（2）决定所需样本的大小。学者 Sudman（1976）[175] 提出，如果做地区性研究，平均样本人数控制在 500 ～ 1000 人较为适宜。课题组首先查找到大连各个高校学校总体人数及男女比例，然后采用非概率抽样中的配额抽样和任意抽样的方法，分别在 9 所高校学生宿舍发放问卷共计 1000 份。

（3）确认和划分各子群层次，以确保取样的代表性。大连高校按照高考录取批次，分为一本院校、二本院校和三本院校。

（4）使用随机方式，从每个子群中按一定比例抽取样本。笔者根据每个高校在校学生人数发放 200 份或 100 份问卷[122]。

具体抽样步骤为：首先查找到大连各个高校学校总体人数及男女比例，然后采用非概率抽样中的配额抽样和任意抽样的方法，分别在 9 所高校学生宿舍发放问卷，共计 1000 份，其中大连理工大学 200 份、大连海事大学 100 份、东北财经大学 100 份、辽宁师范大学 200 份、大连医科大学 100 份、大连交通大学 100 份、大连工业大学 100 份、大连外国语大学 50 份、大连东软信息学院 50 份。

因为大连理工大学与辽宁师范大学人数相当，一个以理工为主，一个以文史为主，男女比例分别为 7∶3 和 3∶7，所以为保证总体男女比例和专业属性上的平衡，各发放 200 份问卷；大连外国语大学和大连东软信息学院专业类别同质性较高，各发放 50 份问卷。

此次调查时间为期 2 周，从 2015 年 6 月 10 到 24 日，调查人员为受过训练的在校大学生和研究生。

问卷回收后，笔者按照如下标准剔除无效问卷：①填答不完整，题项漏缺；②各相关题项填答逻辑关系明显错误；③填答呈明显规律性。最终获得有效问卷为 962 份，有效问卷比例为 96.2%。

本书所采用的分析方法是假设检验和建模。本书将采用探索性因子分析方法检验问卷的可靠性和有效性。运用相关分析、回归分析和结构方程等高级统计方法，检验研究假设。本书采用的统计分析软件是 SPSS 19.0。

第四节　描述性统计分析结果

一、个人因素描述性统计结果

个人因素包括性别、性格特质、网络使用情况等。

如表 3-10 所示，962 个样本中共有男生 456 名，所占比例为 47.4%；女生 506 名，所占比例为 52.6%。

表 3-10　性别分布频率

性别	频率	百分比 / %	累积百分比 / %
男	456	47.4	47.4
女	506	52.6	100.0
合计	962	100.0	

如表 3-11 所示，性格内向和偏内向者占 30.9%，外向和偏外向者占 45.9%，说不清的占 23.2%。

表 3-11　性格分布频率

性格	频率	百分比 / %	累积百分比 / %
内向	33	3.4	3.4
偏内向	264	27.4	30.9
说不清	223	23.2	54.1
偏外向	307	31.9	86.0
外向	135	14.0	100.0
合计	962	100.0	

如表 3-12 所示，在所选取的样本中，大连市高校学生的平均网龄为 3 年以上。其中 3～6 年网龄为 471 人，占总体比例的 49%；7 年及以上网龄为 358 人，占总体比例的 37.2%。有近半数学生有 3～6 年的网络使用经验，3 年以上使用经验的人数占总体的 86.2%。

表 3-12　大学生网龄分布频率

网龄	频率	百分比 / %	累积百分比 / %
少于 1 年	20	2.1	2.1
1～2 年	113	11.7	13.8
3～6 年	471	49.0	62.8
7 年以上	358	37.2	100
合计	962	100.0	

在大学生上周上网时长方面，上周没有上网的学生占样本总体的 1.4%，1～2 小时的学生占 4%，3～6 小时的学生占 14.7%，7～10 小时的学生占 18.2%，11～20 小时的学生占 20.7%，21～30 小时的学生占 20.2%，30～50 小时的学生占 13.2%，多于 50 小时的学生占 7.8%，由此可见，上周上网时长主要集中在 11～20 小时段，有 199 人，其次是 21～30 小时段，有 194 人。具体分布频率如表 3-13 所示。

表 3-13　上周上网时长分布频率

上网时长	频率	百分比 / %	累积百分比 / %
没有上网	13	1.4	1.4
1～2 小时	38	4.0	5.3
3～6 小时	141	14.7	20
7～10 小时	175	18.2	38.1
11～20 小时	199	20.7	58.8

上网时长	频率	百分比 / %	累积百分比 / %
21～30 小时	194	20.2	79
30～50 小时	127	13.2	92.2
多于 50 小时	75	7.8	100
合计	962	100.0	

大连高校学生主要的上网地点依次是宿舍（90%）、工作或学习场所（51.1%）、学校机房（39.4%）、家庭（33.2%）、网吧（21.1%）和其他公共场所（16.5%）。具体上网地点分布频率如表 3-14 所示。

表 3-14　上网地点分布频率

上网地点	频率	百分比 / %	有效百分比 / %
宿舍	866	90	90
工作或学习场所	492	51.1	51.1
学校机房	379	39.4	39.4
网吧	203	21.1	21.1
其他公共场所	159	16.5	16.5
家庭	319	33.2	33.2

从调查问卷的统计结果得知，大连市高校学生上网最主要的目的是娱乐休闲，占总体比例的 69.8%，其次依次是学习 15.9%、工作或社团活动 14.3%。上网目的分布频率如表 3-15 所示。

表 3-15　上网目的分布频率

上网目的	频率	百分比 / %	累积百分比 / %
学习	153	15.9	15.9
工作或社团活动	138	14.3	30.2
娱乐休闲	671	69.8	100.0
合计	962	100.0	

上网活动的时间和内容是反映大学生网络素养高低、网络沉迷症状深浅的重要指数。不同的上网活动会带来不同的影响。根据调研结果可知，大连市高校学生上网的主要活动依次是使用即时通信设备（82.3%），在线收听、观看或下载音视频（70.9%），搜索信息或使用学习资源（66%），浏览新闻、论坛等（63.5%），使用社交网站（61.5%），网上购物（35.7%），网络游戏（27.2%）。上网活动内容分布频率如表 3-16 所示。

表 3-16　上网活动内容分布频率

上网活动内容	选项	频率	百分比 / %	有效百分比 / %	累积百分比 / %
搜索信息 或使用学习资源	从不	12	1.2	1.2	
	很少	44	4.6	4.6	
	有时	271	28.2	28.2	
	经常	496	51.6	51.6	
	非常频繁	139	14.4	14.4	66
使用即时通信设备 （QQ、微信等）	从不	5	0.5	0.5	
	很少	20	2.1	2.1	
	有时	145	15.1	15.1	
	经常	403	41.9	41.9	
	非常频繁	389	40.4	40.4	82.3
在线收听、观看 或下载音视频	从不	9	0.9	0.9	
	很少	52	5.4	5.4	
	有时	219	22.8	22.8	
	经常	486	50.5	50.5	
	非常频繁	196	20.4	20.4	70.9
使用社交网站 （人人网、微博等）	从不	21	2.2	2.2	
	很少	110	11.4	11.4	
	有时	239	24.8	24.8	
	经常	392	40.7	40.7	
	非常频繁	200	20.8	20.8	61.5
浏览新闻、论坛等	从不	13	1.4	1.4	
	很少	74	7.7	7.7	
	有时	264	27.4	27.4	
	经常	468	48.6	48.6	
	非常频繁	143	14.9	14.9	63.5
网络游戏	从不	222	23.1	23.1	
	很少	280	29.1	29.1	
	有时	199	20.7	20.7	
	经常	192	20.0	20.0	
	非常频繁	69	7.2	7.2	27.2
网上购物	从不	32	3.3	3.3	
	很少	149	15.5	15.5	
	有时	438	45.5	45.5	
	经常	270	28.1	28.1	
	非常频繁	73	7.6	7.6	35.7

由调查问卷的统计结果得知，超过半数以上的学生认为网络可以帮助个人在一些自我关心的事件上保持优先或优势地位（66.5%）；可以帮助个人展示自我或表达自己的观点（72.6%）；可以帮助个人完成学习或生活中的一些挑战和任务（79%）；可以帮助个人在如何与他人相处方面获得建议（66.2%）；可以帮助个人进行自我娱乐和消遣（86.7%）；可以帮助个人进行社交活动和结交新朋友（69.5%）。

最后，从调查结果中可以看到，大部分学生认为网络对个人的影响是积极的（58.3%，N=962），只有不到一成的学生认为网络对个人的影响是消极的（6.2%，N=962）。

网络影响认知分布频率如表 3-17 所示。

表 3-17　网络影响认知分布频率

项目	频率	百分比 / %	累积百分比 / %
积极	561	58.3	58.3
中性	341	35.4	93.7
消极	60	6.2	100.0
合计	962	100.0	

二、家庭因素描述性统计结果

家庭作为第一"课堂"，是个体接受教育、学习生活技能的基础环境，个体早期的德智体美劳等多方面发展水平，与家庭环境的各构成要素密切相关。家庭环境对个体早期心理的影响，贯穿其在未来求知和生活实践的整个过程，可以说，家庭环境影响在人的一生中起着奠基性的作用。对于新一批的"网络一代"，家庭环境对其网络沉迷的影响更是不容小觑。家庭经济水平的高低、父母文化程度的差异、父母工作性质的不同、家庭教育方式的差别，都会对大学生的网络沉迷产生或多或少的影响。

对家庭的基本调查变量包括家庭居住地、家庭人均月收入、父母职业与学历等。家庭环境的测量分别是家庭居住地、家庭人均月收入、父母的最高学历和职业及父母的管教方式。

在 962 位受访者中，家庭居住地为城市的有 503 人，占 52.3%；县镇 226 人，占 23.5%；农村 233 人，占 24.2%。家庭居住地分布频率如表 3-18 所示。

表3-18　家庭居住地分布频率

地区	频率	百分比 / %	累积百分比 / %
城市	503	52.3	52.3
县镇	226	23.5	75.8
农村	233	24.2	100.0
合计	962	100.0	

在家庭人均月收入方面，月收入1000元及以下、1001～3000元、3001～5000元、5001～10 000元和10 001元以上的学生分别有60人、270人、334人、228人和70人，其主要集中在3001～5000元段，占样本总体的34.7%。家庭人均月收入分布频率如表3-19所示。

表3-19　家庭人均月收入分布频率

月收入	频率	百分比 / %	累积百分比 / %
1 000 元及以下	60	6.2	6.2
1 001 ～ 3 000 元	270	28.1	34.3
3 001 ～ 5 000 元	334	34.7	69.0
5 001 ～ 10 000 元	228	23.7	92.7
10 001 元以上	70	7.3	100
合计	962	100.0	

对父亲和母亲的最高学历进行考察，父母双方设置的选项相同，按照受教育水平从低到高排序。父母亲的最高学历占比最多的都是高中/中专学历。父母最高学历分布频率如表3-20所示。

表3-20　父母最高学历分布频率

父母	学历	频率	百分比 / %	累积百分比 / %
父亲	小学	75	7.8	7.8
	初中	234	24.3	32.1
	高中 / 中专	331	34.4	66.5
	本科 / 大专	282	29.3	95.8
	硕士	29	3.0	98.8
	博士	8	0.8	99.7
	缺失	3	0.3	100
	合计	962	100	

续表

父母	学历	频率	百分比 / %	累积百分比 / %
母亲	小学	101	10.5	10.5
	初中	234	24.3	34.8
	高中 / 中专	331	34.4	69.2
	本科 / 大专	263	27.3	96.6
	硕士	16	1.7	98.2
	博士	5	0.5	98.8
	缺失	12	1.2	100
	合计	962	100.0	

另外，本书专门对父母的管教方式与进行网络素养教育的频率进行了提问。"父母对您的管教方式"根据一般的管教程度分类，将选项分为"放任自流""稍有管束""较为严厉""非常严厉"四类；"您的父母对您进行过有关网络素养的教育吗？"针对教育的频率高低，将选项设置为四个，分别是"从来没有""很少""经常""很频繁"。父母管教方式分布频率如表 3-21 所示。

54.6% 的父母管教方式倾向于稍有管束；较为严厉和非常严厉的父母为 32.3%。

表 3-21　父母管教方式分布频率

管教方式	频率	百分比 / %	累积百分比 / %
放任自流	126	13.1	13.1
稍有管束	525	54.6	67.7
较为严厉	281	29.2	96.9
非常严厉	30	3.1	100.0
合计	962	100.0	

56.5% 的父母很少对孩子进行网络素养教育，77.4% 的父母从来没有或很少对孩子进行过网络素养教育。父母对孩子进行网络素养教育的分布频率如表 3-22 所示。

表 3-22　父母对孩子进行网络素养教育分布频率

项目	频率	百分比 / %	累积百分比 / %
从来没有	201	20.9	20.9
很少	544	56.5	77.4
经常	206	21.4	98.9
很频繁	11	1.1	100.0
合计	962	100.0	

三、学校因素统计结果

本书中设定的学校因素包括年级、专业、学习成绩、学校教育等维度。

如表 3-23 所示，选取的样本年级为大一至大五年级。其中大一年级有 254 人，所占比例为 26.4%；大二年级有 252 人，所占比例为 26.2%；大三年级有 239 人，所占比例为 24.8%；大四或大五年级有 217 人，所占比例为 22.6%。由此可见，所选取的样本在年级上分布比较平均，说明样本比较具有代表性。

表 3-23 年级分布频率

年级	频率	百分比 / %	累积百分比 / %
大一	254	26.4	26.4
大二	252	26.2	52.6
大三	239	24.8	77.4
大四或大五	217	22.6	100.0
合计	962	100.0	

如表 3-24 所示，专业类别主要分布在理工科、文科、经管、医学、艺术五大类别。其中理工科和文科所占比例最多，分别为 37.2% 和 39.4%；其次是经管类，所占比例为 12.4%。这一专业类别的分布比例与大连市高校专业分布比例十分近似，因此可以说明此问卷的调查结果是具有代表性的。

表 3-24 专业分布频率

专业	频率	百分比 / %	累积百分比 / %
理工科	358	37.2	37.2
文科	379	39.4	76.6
经管	119	12.4	89.0
医学	54	5.6	94.6
艺术	44	4.6	99.2
其他	8	0.8	100.0
合计	962	100.0	

如表 3-25 所示，学习成绩优秀者占 17%，良好者占 34.2%，中等者占 38%，差和较差者占 10.7%。

表 3-25　学习成绩分布频率

学习成绩	频率	百分比 / %	累积百分比 / %
优秀	164	17.0	17.0
良好	329	34.2	51.2
中等	366	38.0	89.3
较差	83	8.6	97.9
差	20	2.1	100.0
合计	962	100.0	

本书对学校开展过网络素养教育的方式进行了提问。如表 3-26 所示，51.2% 的学校开设了有关网络素养教育的课程，也开展过有关网络素养教育的其他活动。38% 的学校从来没有开展过有关网络素养教育的任何活动和课程。

表 3-26　学校开展过网络素养教育方式的分布频率

项目	频率	百分比 / %	累积百分比 / %
开设了有关网络素养教育的课程	164	17.0	17.0
开展过有关网络素养教育的其他活动	329	34.2	51.2
从来没有开展过有关网络素养教育的任何活动和课程	366	38.0	89.3
不清楚	83	8.6	97.9
合计	962	100.0	

第四章　大学生网络素养的结构维度及特点

本章基于本土化经过修正的《网络素养量表》，进行了大学生网络素养探索性因子分析，提取的五个主因子构成了网络素养的特征表现。通过对问卷调查结果的分析，对当前大学生网络素养基本状况和特点有了基本把握。

第一节　大学生网络素养探索性因子分析

由于本书模型中的变量个数太多，根据 Beniler 和 Chou 的研究[174]，可以将模型中的变量分为几组，再分别进行探索性因子分析。

如前所述，本书的《网络素养量表》参考了 Shapiro 和 Hughes 所做的网络素养七维量表，并做了本土化的修正。量表设计出了 24 个相关题项，其中 9 题 "对于我不喜欢的老师或同学，我会把他的照片或电话挂在网上，开他的玩笑" 和 16 题 "为了参加网络上的赠奖活动，我必须在网络上将个人资料填写完整，如真实的姓名、电话、证件号、住址等，这样如果我中奖了他们才有办法联络到我" 采用逆向陈述，题项后标注 ***，在编码时进行反向计分，从 4 到 1 递减。问卷中使用四级量表，"1= 非常不同意""2= 不同意""3= 同意""4= 非常同意"，除 9 题与 16 题外，其他题目得分越高代表网络素养越高。

通过对 24 个初始变量作探索性因子分析，获得其 KMO 值为 0.876，表明本组数据适合做探索性因子分析。接着用主成分分析法进行因子分析，按照特征根大于 1，并经方差极大法作正交旋转提取因子，在选项 "取消小系数"，绝对值设置为 0.40。之后剔除落在两个因子上不符合标准的题项，抽取了大学生网络素养的 5 个主因子，可累积解释总方差的 50.078%，说明这五个因子可以解释总方差一半的变异。同时，各个项目均卸载在正确的因子上，且载荷都在 0.4 以上，表明此量表结构效度良好，如表 4-1 和表 4-2 所示。

表 4-1 大学生网络素养量表的 KMO 样本测度结果和巴特利特球形检验结果

取样足够度的 KMO 度量		0.876
巴特利特球形检验	χ^2	4834.663
	df	231
	p	0.000

表 4-2 网络素养的因子分析

网络素养因子分析	因子载荷量					均值	标准差
	1	2	3	4	5		
因子一：网络安全道德素养							
11. 我在网络交往中一直遵守现实社会交往中的规范和伦理，从没有通过网络做出损害他人利益或对他人造成不良影响的行为	0.708					3.31	0.682
12. 网络和真实世界一样，需要注意自身言行，讲文明礼貌	0.691					3.36	0.654
13. 当我在网上遇到如色情、暴力、反动等不良信息后会及时关闭网页，并不受其影响	0.672					3.14	0.737
10. 我认为及时注意电脑的运行状态，随时更新系统和杀毒软件是很必要的	0.599					3.16	0.701
15. 我认为非法截取他人信息、非法破坏他人网站、在网上传播病毒等"黑客"行为很可恶	0.571					3.28	0.765
17. 学校应该安装网络防火墙或过滤器，防止学生进入不良问题网站	0.558					2.99	0.801
因子二：网络信息技术素养							
4. 我能够运用互联网快速地获取自己所需要的信息		0.767				3.09	0.642
3. 我能够在互联网上搜索到自己所需要的、准确匹配的信息		0.707				3.07	0.601
1. 我会并且能够准确地使用高级检索方式进行信息的检索		0.610				2.81	0.742
5. 我有属于自己的主页并且能够定期、熟练地使用它（包括人人、微博、QQ空间、博客等）		0.609				3.09	0.740
6. 我能通过文本、多媒体等多种方式设计和发表自己的观点和创意		0.549				2.97	0.667

续表

网络素养因子分析	因子载荷量					均值	标准差
	1	2	3	4	5		
因子三：网络互动创新素养							
19. 我经常逛论坛、博客等，并经常参与话题的讨论，与网友进行观点的互动			0.706			2.64	0.731
20. 在上网时，我乐于在百度知道等问答平台上解答网友提出的疑问			0.704			2.61	0.782
21. 我有意识地开发电脑、手机等软件的新的、潜在的功能，探索电子产品基础功能以上的高级功能			0.664			2.67	0.791
23. 我能够根据自己已有的知识结构对不同格式（视频、音频、文字图片等）的信息进行重组和建构			0.530			2.91	0.691
因子四：网络发布研究素养							
16. 为了参加网络上的赠奖活动，我必须在网络上将个人资料填写完整，如真实的姓名、电话、证件号、住址等，这样如果我中奖了他们才有办法联络到我				0.644		3.15	0.843
9. 对于我不喜欢的老师或同学，我会把他的照片或电话挂在网上，开他的玩笑				0.572		3.40	0.817
24. 做学术研究时，对相关资源的整合是一个非常必要的过程				0.436		3.28	0.656
因子五：网络自律批判素养							
2. 我能很好地规划并控制自己每天使用网络的时间，即使没有网络，也不会对我的学习、生活、工作产生太大的影响					0.703	2.71	0.754
8. 我对于网络上兴起的各种舆论能保持客观冷静的态度，持观望状态，不轻易跟随任何一种观点					0.446	3.00	0.668
7. 我能够客观、审慎、准确地评价信息的来源、内容是否真实、准确、可靠，不盲目采用信息					0.429	2.98	0.665
初始特征值	5.307	2.232	1.296	1.115	1.068		
方差解释率	24.123	10.147	5.889	5.066	4.853		
累积方差解释率	24.123	34.270	40.159	45.225	50.078		
克龙巴赫 α 系数	0.742	0.743	0.662	0.418	0.523		

注：①量表中 1= 极不符合，4= 非常符合，N=962；

②提取方法：主成分分析法；旋转法：具有 Kaiser 标准化的正交旋转法，旋转在 6 次迭代后收敛。

　　图 4-1 因子碎石图表明，从第五个因子以后，坡度线非常平坦，可见保留五个因子比较适合。

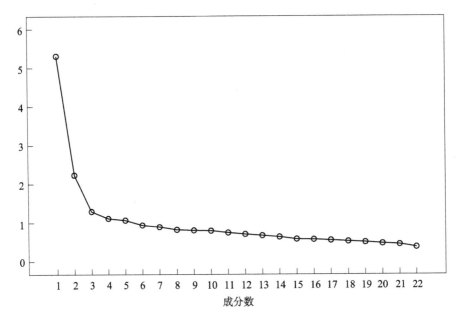

成分数

图 4-1　网络素养碎石因子图

　　针对本部分进行的探索性因子分析所得结果，提取的五个主因子构成了网络素养的特征表现，因此分别将五个主因子命名为"安全道德素养""信息技术素养""互动创新素养""发布研究素养"和"自律批判素养"，即大连地区高校学生中所涉及的网络素养包含了五个维度，可以解释约 50.078% 的方差。

　　第一个维度是网络安全道德素养，指在网络上处理不良信息、保护自身安全和遵守网络道德文明上网的能力素养。

　　第二个维度是网络信息技术素养，指了解和使用软件技术、网络工具，以及有效查询、评估和使用信息资源的能力素养。

　　第三个维度是网络互动创新素养，指使用网络与他人进行良好沟通，以及善于利用网络媒介拓宽视野、发展自己，进行创新性网络使用的能力素养。

　　第四个维度是网络发布研究素养，指在网络上审慎发布个人或他人信息，以及利用相关技术工具进行研究的能力。

　　第五个维度是网络自律批判素养，指对网络使用的自制管理能力，以及对网络信息批判性反应的能力素养。

相比以往的研究（如 Livingstone 等，2005），本书将信息素养和网络素养融合成五个理论维度，提出了与 Shapiro 和 Hughes（1996 年）七维理论维度相类似但内容更加宽泛的概念。这个概念涵盖多维网络素养，帮助本书探讨不同的网络素养维度、对网络沉迷的多因素影响关系。

具体网络素养因子分析结果如图 4-2 所示。

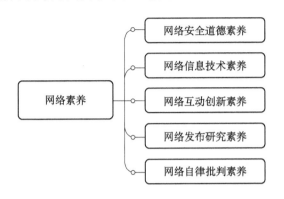

图 4-2　网络素养因子分析结果

第二节　大学生网络素养的基本状况及特点

一、大学生网络素养的基本状况

由表 4-3 和图 4-3 可以看出，当前大学生网络素养总体情况（M=3.46）较好。大学生的发布研究素养均分（M=3.28）最高，表明当前大学生具有在网络上审慎发布个人或他人信息以及利用相关技术工具进行研究的能力。其次是安全道德素养（M=3.21），表明大学生具有在网上保护自身安全、处理不良信息和遵守网络道德文明上网的能力。然后是信息技术素养（M=3.01），表明大学生具有了解和使用网络工具、软件技术以及有效查询、评估与使用信息资源的能力。最后两个依次为自律批判素养（M=2.90）和互动创新素养（M=2.71），表明大学生在对网络的使用的自制管理能力，对网络信息批判性反应的能力，使用网络与他人进行良好沟通，以及善于利用网络媒介发展自己、拓宽视野、进行创新性网络使用的能力方面，不如其他三种素养。通过配对样本 t 检验，以上五种维度网络素养平均得分的差异均达到统计上的显著水平（p＜0.001）。

表4-3 大学生网络素养描述统计

项目	安全道德素养	信息技术素养	互动创新素养	发布研究素养	自律批判素养	网络素养总值
M	3.21	3.01	2.71	3.28	2.90	3.46
SD	0.48	0.48	0.53	0.53	0.50	0.39

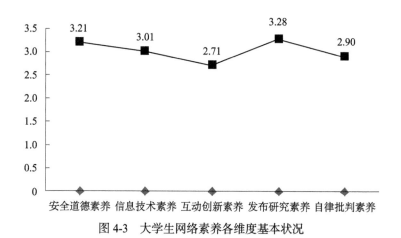

图4-3 大学生网络素养各维度基本状况

二、大学生网络素养的特点

总体而言，大学生网络素养总分越高，表明大学生网络素养各维度能力水平越高。对调查结果的独立样本 t 检验和方差分析显示，大学生在性别、专业类别、家庭收入、学习成绩方面的差异，对他们的网络素养产生影响，形成不同的特点，不同性别、专业类别、家庭收入和学习成绩的大学生，网络素养会展现出不同的差异。

1. 女大学生较男大学生网络素养更高

如图4-4与表4-4所示，女大学生在网络素养总分（$T=-2.977$，$p<0.01$）、安全道德素养（$T=-5.650$，$p<0.001$）、信息技术素养（$T=-2.419$，$p<0.05$）和发布研究素养（$T=-2.841$，$p<0.01$）上显著高于男大学生。而在互动创新素养和自律批判素养上，男、女大学生之间无显著差异。比较平均值可以看出，男、女大学生之间的安全道德素养、信息技术素养、发布研究素养和网络素养总分之间差距不大，女大学生只是略高于男大学生。

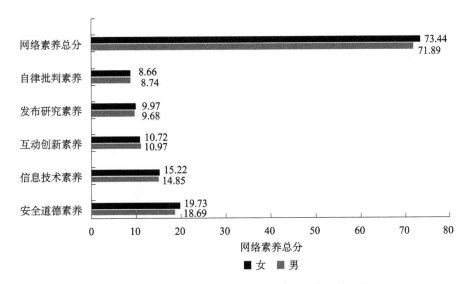

图 4-4　不同性别大学生网络素养总分及各维度差异

表 4-4　不同性别大学生网络素养的情况

项目		男	女	*T*	*p*
网络素养总分	*M*	71.89	73.44	-2.977**	0.003
	SD	8.50	7.65		
安全道德素养	*M*	18.69	19.73	-5.650***	0.000
	SD	2.93	2.73		
信息技术素养	*M*	14.85	15.22	-2.419*	0.016
	SD	2.45	2.32		
互动创新素养	*M*	10.97	10.72	1.808	0.071
	SD	2.04	2.17		
发布研究素养	*M*	9.68	9.97	-2.841**	0.005
	SD	1.65	1.51		
自律批判素养	*M*	8.74	8.66	0.884	0.377
	SD	1.53	1.46		

注：* 表示 $p < 0.05$，** 表示 $p < 0.01$，*** 表示 $p < 0.001$。

2. 理工科大学生网络素养高于文科大学生

由表 4-5 可知，不同专业类别的大学生，在网络素养总分（$F=2.940$，$p < 0.05$）以及信息技术素养（$F=4.198$，$p < 0.01$）、互动创新素养（$F=4.160$，$p < 0.01$）、自律批判素养（$F=2.201$，$p < 0.10$）三个分维度上均达到显著水平，表示不同专业类别的大学生在网络素养总分、信息技术素养、互动创新素养和

自律批判素养间均有显著性差异存在。

表 4-5 不同专业类别大学生网络素养的情况

项目		理工科	文科	经管	医学	艺术	其他	F	p
网络素养总分	N	358	379	119	54	44	8	2.940*	0.012
	M	73.33	71.87	74.14	70.94	73.70	69.25		
	SD	7.91	8.26	7.72	7.34	8.92	9.72		
安全道德素养	M	19.27	19.10	19.57	19.24	19.27	19.00	0.505	0.773
	SD	2.75	3.03	2.79	2.43	3.32	2.67		
信息技术素养	M	15.24	14.83	15.30	14.26	15.91	13.75	4.198**	0.001
	SD	2.26	2.42	2.40	2.31	2.77	2.43		
互动创新素养	M	11.02	10.68	11.17	9.98	11.07	9.50	4.160**	0.001
	SD	2.18	2.10	1.94	2.04	1.90	1.41		
发布研究素养	M	9.85	9.74	10.03	9.72	10.00	10.25	0.934	0.458
	SD	1.57	1.66	1.51	1.42	1.31	1.58		
自律批判素养	M	8.85	8.56	8.83	8.69	8.50	7.88	2.201#	0.052
	SD	1.49	1.55	1.43	1.23	1.39	1.55		

注：# 表示 $p < 0.10$，* 表示 $p < 0.05$，** 表示 $p < 0.01$。

至于具体是哪些配对组间的差异达到显著，需要事后比较方能得知。

从表 4-6 中可以发现：

表 4-6 不同专业类别大学生网络素养方差分析情况表

项目		离差平方和（SS）	自由度	F	事后比较最小显著差异法（LSD）
网络素养总体	组间	955.057	5	2.940*	理工科>文科；理工科>医学
	组内	62 103.491	956		经管>文科；经管>医学
	总和	63 058.567	961		
信息技术素养	组间	118.012	5	4.198**	理工科>文科；理工科>医学
	组内	5 374.883	956		艺术>文科；艺术>医学
	总和	5 492.895	961		艺术>其他；经管>医学
互动创新素养	组间	91.441	5	4.160**	理工科>文科；理工科>医学
	组内	4 203.262	956		理工科>其他；文科>医学
	总和	4 294.703	961		艺术>医学；经管>文科
					经管>医学；经管>其他
自律批判素养	组间	24.452	5	2.201#	理工科>文科
	组内	2 124.126	956		
	总和	2 148.578	961		

注：# 表示 $p < 0.10$，* 表示 $p < 0.05$，** 表示 $p < 0.01$。

就网络素养总体而言，理工科组群体显著高于文科组群体和医学组群体；经管组群体显著高于文科组群体和医学组群体。

就信息技术素养而言，理工科组群体显著高于文科组群体和医学组群体；艺术组群体显著高于文科组、医学组和其他组群体；经管组群体显著高于医学组群体。

就互动创新素养而言，理工科组群体显著高于文科组、医学组和其他组群体；文科组群体显著高于医学组群体；艺术组群体显著高于医学组群体；经管组群体显著高于文科组、医学组和其他组群体。

就自律批判素养而言，理工科组群体显著高于文科组群体。

3. 学习成绩越优秀的大学生网络素养总分越高

由表 4-7 可知，对于自律批判素养、发布研究素养、信息技术素养、安全道德素养和网络素养总体，随着学习成绩的提高，得分不断提高。不同学习成绩的大学生，在网络素养总分（$F=2.512$，$p<0.05$）以及安全道德素养（$F=3.142$，$p<0.05$）、信息技术素养（$F=2.386$，$p\leqslant0.05$）两个分维度上均达到显著性水平，表示学习成绩不同的大学生在网络素养总分、安全道德素养和信息技术素养方面均存在显著差异，学习成绩越优秀的学生，网络素养总分、安全道德素养和信息技术素养越高。

表 4-7　不同学习成绩大学生网络素养的情况

项目		优秀	良好	中等	较差	差	F	p
网络素养总分	N	164	329	366	83	20	2.512*	0.040
	M	74.08	72.50	72.60	72.18	68.80		
	SD	9.05	8.46	7.31	7.77	7.63		
安全道德素养	M	19.66	19.26	19.22	18.76	17.60	3.142*	0.014
	SD	2.83	2.93	2.75	3.15	2.56		
信息技术素养	M	15.43	14.90	15.04	15.16	14.00	2.386*	0.050
	SD	2.70	2.43	2.20	2.25	2.68		
互动创新素养	M	10.89	10.85	10.83	10.73	10.95	0.092	0.985
	SD	2.17	2.19	2.06	2.08	1.76		
发布研究素养	M	9.93	9.81	9.85	9.76	9.25	0.904	0.461
	SD	1.62	1.68	1.48	1.49	1.77		
自律批判素养	M	8.90	8.67	8.63	8.76	8.45	1.088	0.361
	SD	1.78	1.50	1.36	1.44	1.43		

注：* 表示 $p\leqslant0.05$。

至于具体是哪些配对组间的差异达到显著，需要事后比较方能得知。

从表 4-8 中可以发现：

表 4-8　不同学习成绩大学生网络素养方差分析情况表

项目		SS	自由度	F	事后比较 LSD
网络素养总分	组间	655.099	4	2.512*	优秀>良好；优秀>差
	组内	62 403.467	957		良好>差；中等>差
	总和	63 058.567	961		
安全道德素养	组间	102.958	4	3.142*	优秀>较差；优秀>差
	组内	7 840.478	957		良好>差；中等>差
	总和	7 943.436	961		
信息技术素养	组间	54.243	4	2.386*	优秀>良好；优秀>差
	组内	5 438.652	957		
	总和	5 492.895	961		

注：* 表示 $p \leqslant 0.05$。

就网络素养总体而言：成绩优秀的大学生的网络素养总体得分显著高于成绩良好组群体和成绩差的群体；成绩良好组的网络素养总体得分显著高于成绩差组群体；成绩中等组的网络素养总体得分显著高于成绩差组群体。

就"安全道德素养"维度而言：成绩优秀的大学生的安全道德素养得分显著高于成绩较差组群体和成绩差的群体；成绩良好组的安全道德素养得分显著高于成绩差组群体；成绩中等组的安全道德素养得分显著高于成绩差组群体。

就"信息技术素养"而言：成绩优秀的大学生的信息技术素养得分显著高于成绩良好组群体和成绩差的群体；

也就是说，学习成绩优秀的学生在网络素养各维度上得分均明显高于学习成绩差的同学，说明学习成绩与大学生网络素养呈正相关关系，学习成绩好，是影响网络素养水平的正向因素。

4. 家庭居住在城市的大学生网络素养水平明显好于居住在农村的学生

如图 4-5 和表 4-9 可知，家庭居住在城市的大学生，在自律批判素养、发布研究素养、互动创新素养、信息技术素养、安全道德素养和网络素养总体得分上，都普遍高于居住在农村的大学生。不同家庭居住地的大学生，在网络素养总分（$F=8.741$，$p<0.001$）以及信息技术素养（$F=13.917$，$p<0.001$）、互

动创新素养（$F=9.378$，$p<0.001$）、自律批判素养（$F=2.347$，$p<0.10$）三个分维度上均达到显著水平，表示不同家庭居住地的大学生在网络素养总分、信息技术素养、互动创新素养和自律批判素养间均有显著性差异存在。

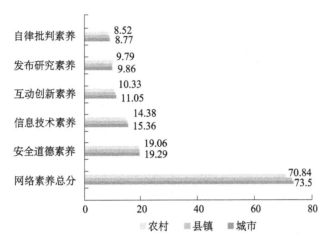

图 4-5　不同家庭居住地大学生网络素养总分及各维度差异

表 4-9　不同家庭居住地大学生网络素养的情况

项目		城市	县镇	农村	F	p
网络素养总分	N	503	226	233	8.741***	0.000
	M	73.50	72.86	70.84		
	SD	8.40	7.67	7.56		
安全道德素养	M	19.29	19.31	19.06	0.578	0.561
	SD	2.94	2.60	2.99		
信息技术素养	M	15.36	15.03	14.38	13.917***	0.000
	SD	2.47	2.28	2.20		
互动创新素养	M	11.05	10.88	10.33	9.378***	0.000
	SD	2.11	2.20	1.95		
发布研究素养	M	9.86	9.81	9.79	0.187	0.830
	SD	1.66	1.57	1.42		
自律批判素养	M	8.77	8.74	8.52	2.347#	0.096
	SD	1.55	1.45	1.41		

注：# 表示 $p \leq 0.10$，*** 表示 $p \leq 0.001$。

至于具体是哪些配对组间的差异性达到显著，需要事后比较方能得知。

从表 4-10 中可以发现：

表 4-10　不同家庭居住地大学生网络素养方差分析情况表

项目		SS	自由度	F	事后比较 LSD
网络素养总分	组间	1 128.957	2	8.741***	城市＞农村；县镇＞农村
	组内	61 929.610	959		
	总和	63 058.567	961		
信息技术素养	组间	154.926	2	13.917***	城市＞农村；县镇＞农村
	组内	5 337.969	959		
	总和	5 492.895	961		
互动创新素养	组间	82.384	2	9.378***	城市＞农村；县镇＞农村
	组内	4 212.319	959		
	总和	4 294.703	961		
自律批判素养	组间	10.465	2	2.347#	城市＞农村
	组内	2 138.113	959		
	总和	2 148.578	961		

注：# 表示 $p < 0.10$，*** 表示 $p < 0.001$。

就网络素养总体而言，居住在城市的大学生得分显著高于居住在农村的大学生群体；居住在县镇的大学生的网络素养总体得分也显著高于居住在农村的大学生群体。

就信息技术素养而言，居住在城市的大学生得分显著高于居住在农村的大学生群体；居住在县镇的大学生的网络素养总体得分也显著高于居住在农村的大学生群体。

就互动创新素养而言，居住在城市的大学生得分显著高于居住在农村的大学生群体；居住在县镇的大学生的网络素养总体得分也显著高于居住在农村的大学生群体。

就自律批判素养而言，居住在城市的大学生得分显著高于居住在农村的大学生群体。

也就是说，居住在城市的学生在网络素养各维度上得分均明显高于居住在农村的学生，说明城乡二元对立依然存在，农村在网络技术普及和网络素养教育方面都明显落后于城市。

5. 不同家庭收入的大学生网络素养水平存在差异

由表 4-11 和图 4-6 可见，不同家庭收入的大学生在网络素养总分

（F=4.464，$p<0.01$）以及信息技术素养（F=10.234，$p<0.001$）、互动创新素养（F=3.932，$p<0.01$）和自律批判素养（F=2.903，$p<0.05$）三个分维度上均达到显著性水平，且差异显著。

表 4-11　不同家庭收入的大学生网络素养的情况

项目		家庭收入					F	p
		1	2	3	4	5		
网络素养总分	N	60	270	334	228	70	4.464**	0.001
	M	70.01	71.69	73.00	73.66	74.41		
	SD	8.42	7.68	8.01	8.12	8.97		
安全道德素养	M	19.03	19.12	19.34	19.28	19.19	0.323	0.862
	SD	3.08	2.87	2.87	2.80	3.00		
信息技术素养	M	14.03	14.50	15.31	15.34	15.80	10.234***	0.000
	SD	2.39	2.35	2.19	2.39	2.81		
互动创新素养	M	10.37	10.63	10.80	11.05	11.53	3.932**	0.004
	SD	2.08	2.06	2.14	2.07	2.16		
发布研究素养	M	9.58	9.86	9.79	9.98	9.66	1.155	0.329
	SD	1.49	1.49	1.59	1.61	1.89		
自律批判素养	M	8.23	8.70	8.65	8.78	9.09	2.903*	0.021
	SD	1.51	1.45	1.49	1.53	1.49		

注：① * 表示 $p<0.05$，** 表示 $p<0.01$，*** 表示 $p<0.001$；
②家庭收入栏："1"代表月收入"1000元以下"，"2"代表月收入"1001～3000元"，"3"代表月收入"3001～5000元"，"4"代表月收入"5001～10 000元"，"5"代表月收入"10 001元以上"。

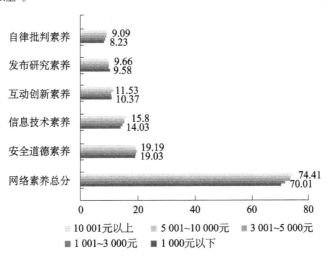

图 4-6　不同家庭收入大学生网络素养各维度差异

至于具体是哪些配对组间的差异性达到显著，需要事后比较方能得知。

经过事后检验，从表4-12中可以发现：

表4-12　不同家庭收入大学生网络素养方差分析情况表

项目		SS	自由度	*F*	事后比较 LSD
网络素养总分	组间	1 155.041	4	4.464**	5 > 1；5 > 2；4 > 1；4 > 2 3 > 1；3 > 2
	组内	61 903.526	957		
	总和	63 058.567	961		
信息技术素养	组间	225.329	4	10.234***	5 > 1；5 > 2；4 > 1；4 > 2 3 > 1；3 > 2
	组内	5 267.566	957		
	总和	5 492.895	961		
互动创新素养	组间	69.435	4	3.932**	5 > 1；5 > 2；5 > 3；4 > 1；4 > 2
	组内	4 225.267	957		
	总和	4 294.703	961		
自律批判素养	组间	25.755	4	2.903*	5 > 1；5 > 3；4 > 1；3 > 1；2 > 1
	组内	2 122.823	957		
	总和	2 148.578	961		

注：①* 表示 $p < 0.05$，** 表示 $p < 0.01$，*** 表示 $p < 0.001$；
②事后比较栏："1"代表家庭月收入"1000元以下"，"2"代表家庭月收入"1001～3000元"，"3"代表家庭月收入"3001～5000元"，"4"代表家庭月收入"5001～10 000元"，"5"代表家庭月收入"10 001元以上"。

就网络素养总体而言，每月家庭收入10 000元以上的大学生总分明显高于家庭月收入1000元以下、1001～3000元的学生；每月家庭收入5001～10 000元的学生网络素养总分明显高于1000元以下、1001～3000元的学生；每月家庭收入3001～5000元的学生网络素养总分明显高于1000元以下、1001～3000元的学生。

就信息技术素养维度而言，每月家庭收入10 000元以上的大学生总分明显高于家庭月收入1000元以下、1001～3000元的学生；每月家庭收入5001～10 000元的学生信息技术素养明显高于1000元以下、1001～3000元的学生；每月家庭收入3001～5000元的学生信息技术素养明显高于1000元以下、1001～3000元的学生。

就互动创新素养而言，每月家庭收入10 000元以上的大学生总分明显高于家庭月收入1000元以下、1001～3000元、3001～5000元的学生；每月家庭收入5001～10 000元的学生互动创新素养明显高于1000元以下、1001～3000元的学生。

就自律批判素养而言，每月家庭收入 10 000 元以上的大学生总分明显高于家庭月收入 1000 元以下、3001 ~ 5000 元的学生；每月家庭收入 5001 ~ 10 000 元的学生自律批判素养明显高于 1000 元以下的学生；每月家庭收入 3001 ~ 5000 元的学生自律批判素养明显高于 1000 元以下的学生；每月家庭收入 1001 ~ 3000 元的学生自律批判素养明显高于 1000 元以下的学生。

总体来说，每月家庭收入水平越高，大学生的网络素养总体水平、信息技术素养、互动创新素养、自律批判素养就越高。这是因为家庭收入高可以给学生成长提供更加优越的条件，来使用网络学习信息技术。

6. 父亲最高学历高的大学生网络素养水平高于父亲最高学历低的大学生

由表 4-13 可见，父亲最高学历不同的大学生在网络素养总分（$F=3.599$，$p<0.01$）以及安全道德素养（$F=1.921$，$p<0.10$）、信息技术素养（$F=2.934$，$p<0.05$）、互动创新素养（$F=7.055$，$p<0.001$）三个分维度上均达到显著性水平，且差异性显著。

表 4-13　父亲最高学历不同的大学生网络素养的情况

项目		父亲最高学历						F	p
		1	2	3	4	5	6		
网络素养总分	N	75	234	331	282	29	8	3.599**	0.003
	M	70.19	71.59	73.12	73.53	74.66	75.00		
	SD	7.11	7.21	7.83	8.99	9.10	10.34		
安全道德素养	M	18.47	19.42	19.26	19.19	19.41	21.00	1.921#	0.088
	SD	2.95	2.74	2.86	2.94	3.16	2.73		
信息技术素养	M	14.57	14.70	15.09	15.36	15.62	14.88	2.934*	0.012
	SD	2.42	2.22	2.20	2.62	2.64	3.83		
互动创新素养	M	10.27	10.27	11.00	11.20	11.24	11.50	7.055***	0.000
	SD	1.91	1.97	1.98	2.28	2.37	2.33		
发布研究素养	M	9.61	9.78	9.95	9.76	10.07	9.88	0.977	0.431
	SD	1.68	1.43	1.50	1.75	1.75	1.73		
自律批判素养	M	8.56	8.62	8.73	8.77	8.69	9.00	0.477	0.793
	SD	1.37	1.37	1.46	1.63	1.69	2.00		

注：①# 表示 $p<0.10$，* 表示 $p<0.05$，** 表示 $p<0.01$，*** 表示 $p<0.001$；
②父亲最高学历栏："1" 代表小学，"2" 代表初中，"3" 代表高中 / 中专，"4" 代表本科 / 大专，"5" 代表硕士，"6" 代表博士。

至于具体是哪些配对组间的差异性达到显著，需要事后比较方能得知。

经过事后检验，从表 4-14 中可以发现。

表 4-14　父亲最高学历不同的大学生网络素养方差分析情况表

项目		SS	自由度	F	事后比较 LSD
网络素养总分	组间	1 167.798	5	3.599**	5 > 1；4 > 1；4 > 2
	组内	61 848.504	953		3 > 1；3 > 2
	总和	63 016.302	958		
安全道德素养	组间	79.183	5	1.921#	6 > 1；3 > 1；2 > 1
	组内	7 855.028	953		
	总和	7 934.211	958		
信息技术素养	组间	83.189	5	2.934*	5 > 1；5 > 2；4 > 1；
	组内	5 404.792	953		4 > 2
	总和	5 487.981	958		
互动创新素养	组间	152.948	5	7.055***	5 > 1；5 > 2；4 > 1；4 > 2；
	组内	4 132.349	953		3 > 1；3 > 2
	总和	4 285.297	958		

注：①# 表示 $p < 0.10$，* 表示 $p < 0.05$，** 表示 $p < 0.01$，*** 表示 $p < 0.001$；
②父亲最高学历栏："1" 代表小学，"2" 代表初中，"3" 代表高中 / 中专，"4" 代表本科 / 大专，"5" 代表硕士，"6" 代表博士。

就网络素养总体而言，父亲最高学历为硕士的大学生总分明显高于父亲学历是小学的学生；父亲最高学历为本科 / 大专的大学生在网络素养总分上明显高于父亲学历是小学和初中的学生；父亲最高学历为高中 / 中专的大学生在网络素养总分上明显高于父亲最高学历是小学和初中的学生。

就安全道德素养而言，父亲最高学历为博士的大学生总分明显高于父亲学历是小学的学生；父亲最高学历为高中 / 中专的大学生在安全道德素养上明显高于父亲最高学历是小学的学生；父亲最高学历为初中的大学生在安全道德素养上明显高于父亲最高学历是小学的学生。

就信息技术素养维度而言，父亲最高学历为硕士的大学生总分明显高于父亲最高学历是小学和初中的学生；父亲最高学历为本科 / 大专的大学生，在信息技术素养上明显高于父亲最高学历是小学和初中的学生。

就互动创新素养而言，父亲最高学历为硕士的大学生总分明显高于父亲最高学历是小学和初中的学生；父亲最高学历为本科 / 大专的大学生总分明显高于父亲最高学历是小学和初中的学生；父亲最高学历为高中 / 中专的大学生总分明显高于父亲学历是小学和初中的学生。

总体来说，父亲最高学历越高，大学生的网络素养总体水平、安全道德素养、信息技术素养和互动创新素养越高。这说明，父亲的教育水平直接影响到孩子的网络素养水平。

7. 家庭经常进行网络素养教育的大学生网络素养水平高于很少进行教育的大学生

由表 4-15 可见，在家庭从来没有和很少进行过网络素养教育的达到 745人，占到总数的 77.4%，也就是 2/3 的家庭从来没有和很少进行过网络素养教育，可见家庭网络素养教育任重而道远。

表 4-15　家庭进行网络素养教育的大学生网络素养的情况

项目		家庭网络素养教育				F	p
		从来没有	很少	经常	很频繁		
网络素养总分	N	201	544	206	11	5.550**	0.001
	M	71.08	72.67	74.30	74.18		
	SD	8.15	7.71	8.57	11.69		
安全道德素养	M	18.88	19.24	19.57	19.00	1.999	0.113
	SD	2.94	2.85	2.85	3.26		
信息技术素养	M	14.45	15.08	15.52	15.64	7.206***	0.000
	SD	2.67	2.18	2.50	2.94		
互动创新素养	M	10.55	10.80	11.20	11.45	3.684*	0.012
	SD	2.31	1.96	2.25	2.34		
发布研究素养	M	9.85	9.81	9.86	10.00	0.124	0.946
	SD	1.45	1.59	1.69	1.73		
自律批判素养	M	8.49	8.67	8.99	8.73	3.925**	0.008
	SD	1.49	1.48	1.47	1.95		

注：* 表示 $p < 0.05$，** 表示 $p < 0.01$，*** 表示 $p < 0.001$。

由表 4-15 可知，家庭进行网络素养教育的大学生在网络素养总分（$F=5.550$，$p < 0.01$）以及信息技术素养（$F=7.206$，$p < 0.001$）、互动创新素养（$F=3.684$，$p < 0.05$）和自律批判素养（$F=3.925$，$p < 0.01$）三个分维度上均达到显著性水平，且差异性显著。

至于具体是哪些配对组间的差异性达到显著，需要事后比较方能得知（表4-16）。

表 4-16　家庭进行网络素养教育的大学生网络素养方差分析情况表

项目		SS	自由度	*F*	事后比较 LSD
网络素养总分	组间	1 077.251	3	5.550**	经常＞从来没有；经常＞很少；很少＞从来没有
	组内	61 981.316	958		
	总和	63 058.567	961		
信息技术素养	组间	121.216	3	7.206***	经常＞从来没有；经常＞很少；很少＞从来没有
	组内	5 371.679	958		
	总和	5 492.895	961		
互动创新素养	组间	48.984	3	3.684*	经常＞从来没有；经常＞很少
	组内	4 245.719	958		
	总和	4 294.703	961		
自律批判素养	组间	26.091	3	3.925**	经常＞从来没有；经常＞很少
	组内	2 122.487	958		
	总和	2 148.578	961		

注：* 表示 $p < 0.05$，** 表示 $p < 0.01$，*** 表示 $p < 0.001$。

经过事后检验，从表 4-16 中可以发现：在网络素养总体水平以及信息技术素养、互动创新素养和自律批判素养方面，在家庭中经常进行网络素养教育的大学生，都明显高于很少和从来没有在家庭中进行网络素养教育的大学生。

8. 对网络评价积极的大学生网络素养水平高于评价消极的大学生

由表 4-17 可知，大学生对网络总体影响的评价是积极的，达到 561 人，占到总数的 58.3%，而对网络总体影响的评价是消极的，只有 60 人，占到总数的 6.2%，可见认为网络总体影响的评价是积极的和中性的，占到了被试群体的绝大部分。

表 4-17　网络评价不同的大学生网络素养的情况

项目		网络评价					*F*	*p*
		非常消极	比较消极	中性	比较积极	非常积极		
网络素养总分	*N*	4	56	341	499	62	23.206***	0.000
	M	63.50	59.75	61.73	64.77	68.69		
	SD	10.66	6.17	6.76	6.67	8.38		
安全道德素养	*M*	17.75	17.73	18.72	19.64	20.32	12.006***	0.000
	SD	3.95	2.48	3.08	2.61	3.05		
信息技术素养	*M*	15.00	14.32	14.43	15.35	16.66	17.256***	0.000
	SD	4.40	2.22	2.35	2.23	2.70		

续表

项目		网络评价					F	p
		非常消极	比较消极	中性	比较积极	非常积极		
互动创新素养	M	11.50	10.55	10.39	11.02	12.05	10.669***	0.000
	SD	2.38	1.76	1.96	2.10	2.63		
发布研究素养	M	9.50	9.23	9.74	9.93	10.06	3.150*	0.014
	SD	1.29	1.57	1.60	1.54	1.76		
自律批判素养	M	9.75	7.91	8.46	8.83	9.60	13.886***	0.000
	SD	0.96	1.43	1.38	1.47	1.75		

注：*表示 $p < 0.05$，***表示 $p < 0.001$。

由图 4-7 和表 4-17 可知，对网络影响评价不同的大学生在网络素养总分（$F=23.206$，$p < 0.000$）以及安全道德素养（$F=12.006$，$p < 0.001$）、信息技术素养（$F=17.256$，$p < 0.001$）、互动创新素养（$F=10.669$，$p < 0.001$）、发布研究素养（$F=3.150$，$p < 0.05$）和自律批判素养（$F=13.886$，$p < 0.001$）五个分维度上全部达到显著性水平，且差异性显著。

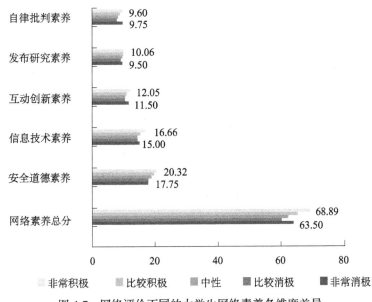

图 4-7　网络评价不同的大学生网络素养各维度差异

至于具体是哪几个配对组别间的差异达到显著性水平，需要事后比较方能得知（表 4-18）。

表 4-18　网络评价不同的大学生网络素养方差分析情况表

项目		SS	自由度	F	事后比较 LSD
网络素养总分	组间	4 309.596	4	23.206***	5＞4；5＞3；5＞2；4＞3；4＞2；3＞2
	组内	44 431.349	957		
	总和	48 740.945	961		
安全道德素养	组间	379.562	4	12.006***	5＞3；5＞2；4＞3；4＞2；3＞2
	组内	7 563.873	957		
	总和	7 943.436	961		
信息技术素养	组间	369.527	4	17.256***	5＞4；5＞3；5＞2；4＞3；4＞2
	组内	5 123.368	957		
	总和	5 492.895	961		
互动创新素养	组间	183.348	4	10.669***	5＞4；5＞3；5＞2；4＞3
	组内	4 111.355	957		
	总和	4 294.703	961		
发布研究素养	组间	31.309	4	3.150*	5＞2；4＞2；3＞2
	组内	2 378.073	957		
	总和	2 409.381	961		
自律批判素养	组间	117.862	4	13.886***	5＞4；5＞3；5＞2；4＞3；4＞2；3＞2；2＞1
	组内	2 030.716	957		
	总和	2 148.578	961		

注：① * 表示 $p<0.05$，*** 表示 $p<0.001$；
②事后比较栏："1"代表非常消极，"2"代表比较消极，"3"代表中性，"4"代表比较积极，"5"代表非常积极。

经过事后检验，从表 4-18 中可以发现：对网络影响评价积极的大学生，在网络素养总体水平以及安全道德素养、信息技术素养、互动创新素养、发布研究素养和自律批判素养五个维度能力上都明显高于对网络影响评价消极的大学生。

第三节　本　章　小　结

本章运用实证研究的理论范式，厘清了网络素养这一核心概念的基本维度和测量指标，通过编制大学生网络素养调查问卷和数据分析，提出了大学生网络素养包含了五个维度，即"安全道德素养""信息技术素养""互动创新素养""发布研究素养"和"自律批判素养"，构成了五维度网络素养有机结构。

根据问卷结果数据分析，笔者对当代大学生网络素养的基本状况和特点进行了分析。研究显示：当前大学生网络素养总体情况较好。大学生的发布研究素养均分最高，其次是安全道德素养和信息技术素养，最后两个依次为自律批判素养和互动创新素养。

通过对问卷调查结果的分析，笔者对当前大学生网络素养的特点有了基本把握。研究发现：

（1）大学生在性别、专业类别、家庭收入、学习成绩方面的差异，对他们的网络素养产生影响，形成不同的特点；

（2）女大学生较男大学生网络素养更高；

（3）理工科大学生网络素养高于文科大学生；

（4）学习成绩越好的大学生网络素养总分越高；

（5）家庭居住在城市的大学生网络素养水平明显好于居住在农村的学生；

（6）不同家庭收入的大学生网络素养水平存在差异；

（7）父亲最高学历高的大学生网络素养水平高于父亲最高学历低的大学生；

（8）家庭经常进行网络素养教育的大学生网络素养高于很少进行教育的大学生；

（9）对网络评价积极的大学生网络素养水平高于对网络评价消极的大学生。

第五章　大学生网络素养影响网络沉迷的模型建构与回归分析

本章根据大学生网络素养五个因子建立了大学生网络素养影响网络沉迷的 50 条假设及理论模型，运用相关分析和回归分析方法，探索修正和拓展了大学网络素养影响网络沉迷的模型；并通过增加人口统计学、网络使用和影响认知、生活满意度等自变量层级，加上网络素养各因子，采用阶层回归分析方法，建立和拓展了大学生网络沉迷多因素影响综合模型。

第一节　大学生网络素养影响网络沉迷的模型建构

一、大学生网络沉迷因子分析

网络沉迷问卷共包含 24 道题，问卷使用四级量表，"1＝极不符合""2＝不符合""3＝符合""4＝非常符合"，除第 7 题与第 19 题为反向问题外，其他题目得分越高代表网络成瘾程度越高。

同时，为了防止被试者主观态度上的不认真、审题疲劳或习惯选同一项等降低问卷有效率的行为，我们在问卷设计的过程中特意设计了第 7 题"我没有因为上网（包含写作业及玩乐），而减少睡眠"和第 19 题"上网对我的身体健康没有造成任何负面的影响"为反向问题，需要进行逆向填答，在进行主成分因子分析之前要先把这两道题目进行变量转换，重新编码为逆向其他变量，与其余 22 项问题方向保持一致。

接下来，笔者运用 SPSS 19.0 来进行探索性因子分析（表 5-1）。首先要确定题项间是否适合进行因子分析，根据 Kaiser 的理论，可根据 KMO 的大小来予以判别，KMO 的值越接近 1，说明数据越适合做因子分析。

表 5-1　大学生网络沉迷量表的 KMO 样本测度结果和巴特利球体检验结果

取样足够度的 KMO 度量		0.919
巴特利特球形检验	近似卡方	5321.406
	df	190
	p	0.000

通过对 24 个问卷题项进行探索性因子分析，得到其 KMO 值为 0.919，说明数据非常适合做探索性因子分析。然后笔者利用主成分分析法进行因子分析，按照特征根大于 1，并经方差极大法做正交旋转提取因子，在选项"取消小系数"，绝对值设置为 0.40。之后剔除落在两个因子上不符合标准的题项（第 10、第 15、第 21、第 22 题），最终抽取了大学生网络沉迷的四个主因子，可累积解释总方差的 50.250%，说明这四个因子可以解释总方差一半的变异。同时，各个题项均卸载在正确的因子上，并且因子载荷都大于 0.4，说明该量表具有良好的结构效度，如表 5-2 所示。

表 5-2　网络沉迷因子分析

网络沉迷因子分析	因子载荷量				均值	标准差
	1	2	3	4		
因子一：人际问题						
16. 因为上网的关系，我和家人的互动减少了	0.723				2.15	0.775
11. 发现自己专注于网络而减少了与身边朋友的互动	0.684				2.23	0.737
17. 因为上网的关系，我平时休闲活动的时间减少了	0.631				2.31	0.758
13. 我每天早上醒来，第一件想到的事就是上网	0.613				2.09	0.799
18. 没有网络我的生活就毫无乐趣可言	0.611				1.98	0.750
9. 我只要有一段时间没有上网就会情绪低落	0.600				2.12	0.670
6. 虽然上网对我日常人际关系造成负面影响，我仍未减少上网	0.575				2.18	0.730
14. 上网对我的学业或者工作已造成一些负面的影响	0.552				2.27	0.734
因子二：冲动控制障碍						
2. 我发现自己上网的时间越来越长		0.722			2.45	0.691
1. 我只要有一段时间没有上网，就会觉得心里不舒服		0.711			2.50	0.727
3. 网络断线或接不上时，我觉得自己坐立不安		0.686			2.44	0.735
5. 其实每次我都只想上一会儿网，但经常一上就上很久		0.582			2.59	0.725
4. 不管再累，上网时总觉得很有精神		0.530			2.30	0.713
8. 从上学期以来，平均而言我每周上网时间比以前增加许多		0.418			2.39	0.713
因子三：时间管理问题						
23. 我曾因为上网而没有按时进食			0.773		2.27	0.811
24. 我曾因为熬夜上网而导致白天精神不振			0.736		2.36	0.814

续表

网络沉迷因子分析	因子载荷量				均值	标准差
	1	2	3	4		
20. 我曾试过想花较少的时间在网络上，但却无法做到			0.564		2.27	0.732
因子四：身心健康损害						
19. 上网对我的身体健康没有造成任何负面的影响 ***				0.800	2.62	0.721
7. 我没有因为上网（包含写作业及玩乐），而减少睡眠 ***				0.622	2.44	0.772
12. 我曾因为上网而腰酸背痛，或有其他身体不适				0.469	2.33	0.782
特征值	6.235	1.471	1.332	1.011		
方差解释率	31.177	7.357	6.660	5.055		
累积方差解释率	31.177	38.535	45.195	50.250		
克龙巴赫 α 系数	0.839	0.745	0.700	0.385		

注：①量表中 1＝极不符合，4＝非常符合，N＝962；
　　②提取方法：主成分分析法；旋转法：具有 Kaiser 标准化的正交旋转法，旋转在 6 次迭代后收敛。
　　③表中注有 *** 为反向题。

由图 5-1 可以看出，从第四个因子以后，坡度线非常平坦，可见保留四个因子比较适合。

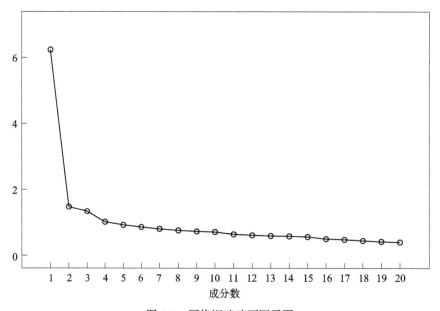

图 5-1　网络沉迷碎石因子图

　　根据探索性因子分析原理，所提取的因子之间不具有相关性，且每个因子与所包含的题项之间具有较高程度的相关性。表 4-19 中的系数是旋转因子载荷估计值，其统计学意义是变量与因子的相关系数，也被叫做载荷。针对探索性因子分析得到的四个主因子结果，构成网络沉迷现象总的特征表。笔者将这四个主因子分别命名为"人际问题""冲动控制障碍""时间管理问题"和"身心健康损害"，即大连地区高校学生的网络沉迷有大致四种网络沉迷症状特征，可以解释约 50.250% 的方差。

　　第一种症状特征"人际问题"：是使用网络对学习和生活环境造成的负面影响，它反映了在过度、不当使用网络中带来的人际关系混乱、社交影响、学习成绩下降等情况。

　　第二种症状特征"冲动控制障碍"：为使用网络造成的网络戒断症状，它体现在对于网络的过度依赖、上网冲动控制障碍、强迫上网症状、网络成瘾耐受等情况。

　　第三种症状特征"时间管理问题"：是使用网络造成的情绪和自控能力混乱，它体现了网络使用中所出现的对于情绪和时间的控制能力出现了偏差。

　　第四种症状特征"身心健康损害"：是使用网络对身体造成的负面影响，它的表现是因过度使用网络而出现的身体不适、精神不振等身心健康损害情况。

　　具体网络沉迷因子分析结果如图 5-2 所示。

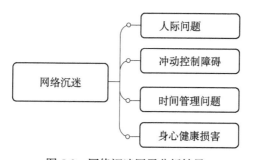

图 5-2　网络沉迷因子分析结果

二、生活满意度因子分析

　　本书的生活满意度分量表要求被调查者回答对五个问题的同意程度，采用利克特量表中的五点量表，"1＝非常不同意""2＝不同意""3＝不清楚""4＝同意""5＝非常同意"，题目得分越高代表生活满意度越高。五个问题包括：①在大多数方面，我的生活是接近我的理想的；②我生活的条件很不错；③我对我的生活很满意；④到目前为止，我已经在生活中得到了我想要的重要事物；⑤如果我能够重新经历我的生活，我将几乎没有什么变化。

五个初始变量做了探索性因子分析后，KMO 值是 0.775，说明本组数据可以进行下一步的探索性因子分析。然后利用主成分分析法，按照特征根大于 1，并经方差极大法作正交旋转提取因子，在选项"取消小系数"，绝对值设置为 0.40。可提取一个新的因子，其累积贡献率为 51.050%，说明这 1 个因子可解释原始 5 个变量 51.050% 的变异量，如表 5-3 和表 5-4 所示。

表 5-3　大学生生活满意度量表的 KMO 样本测度结果和巴特利球体检验结果

取样足够度的 KMO 度量		0.775
巴特利特球形检验	近似卡方	1169.577
	df	10
	p	0.000

表 5-4　生活满意度的因子分析

生活满意度因子分析	因子载荷量	均值	标准差
3. 我对我的生活很满意	0.817	3.40	0.952
1. 在大多数方面，我的生活是接近我的理想的	0.791	3.28	1.008
4. 到目前为止，我已经在生活中得到了我想要的重要事物	0.717	3.00	0.990
2. 我生活的条件很不错	0.693	3.49	0.880
5. 如果我能够重新经历我的生活，我将几乎没有什么变化	0.515	2.54	1.040
初始特征值	2.552		
方差解释率	51.050		
克龙巴赫 α 系数	0.750		

注：①量表中 1=非常不同意，5=非常同意，N=962；
　　②提取方法：主成分分析法。

针对探测性因子分析所提取的主因子反映出来的原始信息，可将这个主因子命名为"生活满意度"，含义为大连地区高校学生对生活满意度的认知，可以解释约 51.050% 的方差。

三、大学生网络素养对网络沉迷影响的理论假设

通过在第四章中对大学生网络素养，在第五章中对网络沉迷和生活满意度

的探索性因子分析，有关网络素养、网络沉迷和生活满意度所包括的研究变量总结如表 5-5 所示。

表 5-5　研究变量总结

问卷主要内容	因子数（变量数）	因子的含义（研究变量）
网络素养	5	安全道德素养
		信息技术素养
		互动创新素养
		发布研究素养
		自律批判素养
网络沉迷	4	人际问题
		冲动控制障碍
		时间管理问题
		身心健康损害
生活满意度	1	生活满意度

根据网络素养的五个因子与网络沉迷的四个因子之间的关系，提出大学生网络素养影响网络沉迷的 50 条假设，如表 5-6 所示。

表 5-6　大学生网络素养对网络沉迷影响的理论假设

编号	内容
H1	**安全道德素养对网络沉迷的影响**
H11a	安全道德素养对网络沉迷有正向影响
H11b	安全道德素养对网络沉迷有负向影响
H12a	安全道德素养对人际问题有正向影响
H12b	安全道德素养对人际问题有负向影响
H13a	安全道德素养对冲动控制障碍有正向影响
H13b	安全道德素养对冲动控制障碍有负向影响
H14a	安全道德素养对时间管理问题有正向影响
H14b	安全道德素养对时间管理问题有负向影响
H15a	安全道德素养对身心健康损害有正向影响
H15b	安全道德素养对身心健康损害有负向影响
H2	**信息技术素养对网络沉迷的影响**
H21a	信息技术素养对网络沉迷有正向影响
H21b	信息技术素养对网络沉迷有负向影响
H22a	信息技术素养对人际问题有正向影响
H22b	信息技术素养对人际问题有负向影响
H23a	信息技术素养对冲动控制障碍有正向影响
H23b	信息技术素养对冲动控制障碍有负向影响

编号	内容
H24a	信息技术素养对时间管理问题有正向影响
H24b	信息技术素养对时间管理问题有负向影响
H25a	信息技术素养对身心健康损害有正向影响
H25b	信息技术素养对身心健康损害有负向影响
H3	**互动创新素养对网络沉迷的影响**
H31a	互动创新素养对网络沉迷有正向影响
H31b	互动创新素养对网络沉迷有负向影响
H32a	互动创新素养对人际问题有正向影响
H32b	互动创新素养对人际问题有负向影响
H33a	互动创新素养对冲动控制障碍有正向影响
H33b	互动创新素养对冲动控制障碍有负向影响
H34a	互动创新素养对时间管理问题有正向影响
H34b	互动创新素养对时间管理问题有负向影响
H35a	互动创新素养对身心健康损害有正向影响
H35b	互动创新素养对身心健康损害有负向影响
H4	**发布研究素养对网络沉迷的影响**
H41a	发布研究素养对网络沉迷有正向影响
H41b	发布研究素养对网络沉迷有负向影响
H42a	发布研究素养对人际问题有正向影响
H42b	发布研究素养对人际问题有负向影响
H43a	发布研究素养对冲动控制障碍有正向影响
H43b	发布研究素养对冲动控制障碍有负向影响
H44a	发布研究素养对时间管理问题有正向影响
H44b	发布研究素养对时间管理问题有负向影响
H45a	发布研究素养对身心健康损害有正向影响
H45b	发布研究素养对身心健康损害有负向影响
H5	**自律批判素养对网络沉迷的影响**
H51a	自律批判素养对网络沉迷有正向影响
H51b	自律批判素养对网络沉迷有负向影响
H52a	自律批判素养对人际问题有正向影响
H52b	自律批判素养对人际问题有负向影响
H53a	自律批判素养对冲动控制障碍有正向影响
H53b	自律批判素养对冲动控制障碍有负向影响
H54a	自律批判素养对时间管理问题有正向影响
H54b	自律批判素养对时间管理问题有负向影响
H55a	自律批判素养对身心健康损害有正向影响
H55b	自律批判素养对身心健康损害有负向影响

四、大学生网络素养对网络沉迷影响的理论模型建构

根据前面的理论假设，大学生网络素养影响网络沉迷包含 50 个假设关系，由网络素养的 5 个因子、网络沉迷的 4 个因子，影响有正向和负向两个方面构成的大学生网络素养影响网络沉迷的理论模型（图 5-3）。

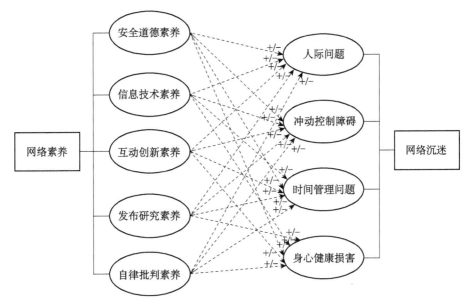

图 5-3　大学生网络素养影响网络沉迷的假设模型

第二节　大学生网络素养影响网络沉迷的回归分析

一、大学生网络素养总体指数对网络沉迷总体指数的相关分析

相关分析是研究事物的相互关系，测定它们联系的紧密程度、揭示其变化的具体形式和规律性的统计方法。进行相关分析的目的在于测量变量之间的关系强度，我们为测量它所使用的测量工具就是相关系数 r [175]。从相关程度上来说，相关系数的绝对值越大，两个变量之间的线性相关性就越强；反之，就越弱。相关系数 r 的取值范围是 $-1 \leqslant r \leqslant 1$，$r > 0$ 为正相关，$r < 0$ 为负相关，r 越接近 ± 1，表明两个变量的相关性越强，r 越接近于 0，表明两个变量之间几乎没有线性相关关系。

对变量之间的相关系数 r 进行显著性检验，* 表示 $p < 0.05$ 的水平上显著

相关；** 表示 $p < 0.01$ 的水平上显著相关；*** 表示 $p < 0.001$ 的水平上显著相关。

本书的相关分析结果用于验证网络素养总体指数与网络沉迷总体指数、生活满意度之间的相关关系，也为后续回归分析做铺垫。

1. 网络素养总体指数与网络沉迷总体指数、生活满意度的相关性分析

表 5-7 的分析结果表明，网络素养总体指数与网络沉迷总体指数（$r=-0.188$，$p < 0.01$）显著负相关；网络素养总体指数和总体生活满意度（$r=0.184$，$p < 0.01$）显著正相关；网络沉迷总体指数和生活满意度（$r=-0.145$，$p < 0.01$）显著负相关。

表 5-7　各研究变量间的相关性分析

项目	网络素养	网络沉迷	生活满意度
网络素养总体指数	1	-0.188**	0.184**
网络沉迷总体指数		1	-0.145**
生活满意度			1

注：** 表示 $p < 0.01$。

2. 大学生网络素养各因子与网络沉迷各因子的相关分析

为了探讨各个主要变量之间的关系结构，首先要对前面提取的网络素养的五个因子、网络沉迷的四个因子及生活满意度的一个因子进行相关分析，并检验相关的假设。相关分析用来检验两个变量之间的紧密程度，它反映的是控制一个变量取值后，另一个变量的变异程度。对网络素养、网络沉迷和生活满意度各因子进行相关分析，相关分析结果如表 5-8 所示。

表 5-8　网络沉迷与各研究变量间的相关性分析

项目		网络沉迷			
		人际问题	冲动控制障碍	时间管理问题	身心健康损害
网络素养	安全道德素养	-0.237**	0.094**	-0.069*	0.019
	信息技术素养	-0.125**	0.020	-0.043	0.031
	互动创新素养	0.181**	0.105**	-0.021	-0.031
	发布研究素养	-0.276**	-0.052	-0.003	0.043
	自律批判素养	-0.055	-0.176**	-0.054	-0.192**
生活满意度		-0.049	-0.002	-0.031	-0.208**

注：* 表示 $p < 0.05$，** 表示 $p < 0.01$。

表 5-8 相关分析结果显示，网络素养的五个因子与网络沉迷的四个因子有相关关系。其中，网络安全道德素养与网络沉迷中的人际问题（$r=-0.237$，$p<0.01$）及时间管理问题（$r=-0.069$，$p<0.05$）呈现显著负相关关系，与冲动控制障碍（$r=0.094$，$p<0.01$）呈现显著正相关关系，与身心健康损害不相关。

网络信息技术素养与网络沉迷中的人际问题（$r=-0.125$，$p<0.01$）呈现显著负相关关系，与网络沉迷的其他三个维度不相关。

网络互动创新素养与网络沉迷中的人际问题（$r=0.181$，$p<0.01$）及冲动控制障碍（$r=0.105$，$p<0.01$）呈现显著正相关关系，与其他两个维度不相关。

网络发布研究素养与网络沉迷中的人际问题（$r=-0.276$，$p<0.01$）呈现显著负相关关系，与网络沉迷的其他三个维度不相关。

网络自律批判素养与网络沉迷中的冲动控制障碍（$r=-0.176$，$p<0.01$）及身心健康损害（$r=-0.192$，$p<0.01$）呈现显著负相关关系，与其他两个维度不相关。

进行网络素养的五个维度与网络沉迷的四个维度的相关性分析时，我们发现网络素养的五个维度与网络沉迷的四个维度大部分是负相关关系。但是值得一提的是，网络安全道德素养与网络沉迷的冲动控制障碍（$r=0.094$，$p<0.01$）、网络互动创新素养与网络沉迷中的人际问题（$r=0.181$，$p<0.01$）及冲动控制障碍（$r=0.105$，$p<0.01$）均呈现显著正相关关系。

生活满意度与网络沉迷中的三个维度没有相关关系，只与网络沉迷中的身心健康损害（$r=-0.208$，$p<0.01$）呈现显著负相关关系。

二、大学生网络素养各因子对网络沉迷总体指数的影响分析

网络沉迷总体指数（internet addiction index，IAI）是将网络沉迷各因子加总，用来考察大学生网络沉迷总体情况的指标。为了进一步了解大学生网络素养对网络沉迷总体指数的影响，笔者以大学生网络素养的五个因子为自变量，以网络沉迷总体指数为因变量，采用了多元回归中的 Stepwise 逐步回归方法，分析网络素养各个维度对网络沉迷总体指数的影响作用大小。

进行多元线性回归的前提是自变量不存在多重共线性关系，也就是说，自变量之间不能存在高度相关关系，即相关系数不能高于 0.7。由表 5-8 可知，自变量间的相关性系数都低于 0.5，我们可以基本否定自变量之间存在多重共线性的可能。为谨慎起见，根据统计学中学者的观点，多重共线性也可用容

忍度（tolerance）大小和方差膨胀因素（VIF）的大小来加以判断，容忍度数值在0和1之间浮动，数值越接近0说明自变量间越有可能存在多重共线性，容忍度的倒数以VIF来表示，当VIF在10以上时表示自变量间存在多重共线性关系。

笔者进行多元回归时发现，如表5-9所示，容忍度数值为1.000，远远比0大，VIF是1.000，远远比10小，表示不存在多重共线性关系，回归结果有效。同时，在进行多元回归前，在统计量部分勾选上"共线性诊断"，发现在多元性诊断表格中，特征值中既没有出现0，条件系数中也没有大于30的条件系数，说明该回归结果有效，不存在多重共线性关系。

表 5-9　网络素养各因子对网络沉迷总体指数的多元回归分析表

模型	指标	Beta 值	t	p	R	R^2	调整 R^2	F	p
模型一	自律批判素养	−0.238	−7.605	0.000	0.238	0.057	0.076	57.832	0.000
模型二	自律批判素养	−0.238	−7.686	0.000	0.278	0.078	0.076	40.293	0.000
	发布研究素养	−0.144	−4.639	0.000					
模型三	自律批判素养	−0.238	−7.739	0.000	0.302	0.091	0.088	32.056	0.000
	发布研究素养	−0.144	−4.671	0.000					
	互动创新素养	0.117	3.801	0.000					
模型四	自律批判素养	−0.238	−7.775	0.000	0.317	0.101	0.097	26.742	0.000
	发布研究素养	−0.144	−4.693	0.000					
	互动创新素养	0.117	3.819	0.000					
	安全道德素养	−0.096	−3.148	0.002					

从表5-9中可以看出，五个预测变量中对网络沉迷总体指数有显著预测力的变量共有四个，依序为自律批判素养、发布研究素养、互动创新素养和安全道德素养。四个预测变量与网络沉迷总体指数因变量的多元相关系数为0.317，决定系数（R^2）为0.101，最后回归模型整体性检验的F值为26.742（$p = 0.000 < 0.05$），因而网络素养四个预测变量共可有效解释网络沉迷总体指数10.1%的变异量，达到极其显著水平（$P < 0.001$）。也就是，网络沉迷总体指数的10.1%的变化程度是由大学生网络素养的四个因子解释的，模型的显著性随着自变量个数的增加而逐步增强，说明四个自变量对因变量网络沉迷总体指数具有显著影响。

从各变量预测力的高低来看，对网络沉迷总体指数最具预测力的是自律批判素养自变量，其解释变异量为5.7%；其余依次为发布研究素养、互动创新素养、安全道德素养，其解释变异量分别为 2.1%、1.4% 和 0.9%。

从标准化的回归系数来看，回归模型中自律批判素养、发布研究素养和安全道德素养三个预测变量对网络沉迷总体指数的影响均为负向，强度从大到小依次为自律批判素养（-0.238）、发布研究素养（-0.144）和安全道德素养（-0.096），说明网络素养这三个因子通过对网络沉迷总体指数的负向影响，以从大到小的顺序起到减弱网络沉迷总体指数的作用。

但是，互动创新素养与上述三个因子正好相反，根据回归模型计算出的标准化回归系数 Beta 值为 0.117，表明互动创新素养对网络沉迷总体指数有正向影响，互动创新素养越高，大学生越沉迷于网络无法自拔。

为了更加清晰、直观地呈现这种影响关系，我们还可以通过标准化回归方程来呈现大学生网络素养四个维度影响网络沉迷总体指数的具体情况。

标准化回归方程式如下：

网络沉迷总体指数＝－0.238×自律批判素养－0.144×发布研究素养
　　　　　　　＋0.117×互动创新素养－0.096×安全道德素养

为了清晰说明大学生网络素养各因子对网络沉迷总体指数影响的正负方向和显著程度，构建的网络素养各因子对网络沉迷总体指数影响的预测模型如图 5-4 所示。

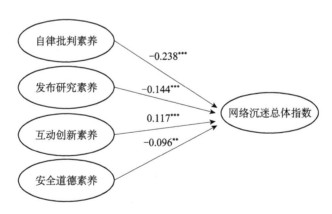

图 5-4　网络素养各因子对网络沉迷总体指数影响的预测模型

$**$表示$p<0.01$，$***$表示$p<0.001$

由图 5-4 可以看出，网络素养各因子对网络沉迷总体指数有显著影响作用，其中自律批判素养、发布研究素养和安全道德素养对网络沉迷总体指数具有负向影响作用。这表明个体在自律批判素养、发布研究素养和安全道德素养三个方面得分越高，网络沉迷总体指数的得分就越低，沉迷于网络的情况就越少。

而互动创新素养对网络沉迷总体指数具有正向影响作用，表明大学生在互动创新素养方面得分水平越高，网络沉迷总体指数得分就越高。这说明具有使用网络与他人进行良好沟通，以及善于利用网络媒介发展自己、拓宽视野，进行创新性网络使用的能力素养的大学生，反而越容易在网络上频繁互动，沉迷于虚拟世界。这提示我们应教育大学生区分清楚虚拟世界和真实世界的差别。

表 5-10 是对网络素养各因子对网络沉迷总体指数相关假设验证情况的汇总。

表 5-10　网络素养各因子对网络沉迷总体指数相关假设验证情况

序号	假设	有无影响	方向	假设是否成立	回归系数
H11a	安全道德素养对网络沉迷有正向影响	有	负向	否	-0.096
H11b	安全道德素养对网络沉迷有负向影响			是	
H21a	信息技术素养对网络沉迷有正向影响	无		否	
H21b	信息技术素养对网络沉迷有负向影响			否	
H31a	互动创新素养对网络沉迷有正向影响	有	正向	是	0.117
H31b	互动创新素养对网络沉迷有负向影响			否	
H41a	发布研究素养对网络沉迷有正向影响	有	负向	否	-0.144
H41b	发布研究素养对网络沉迷有负向影响			是	
H51a	自律批判素养对网络沉迷有正向影响	有	负向	否	-0.238
H51b	自律批判素养对网络沉迷有负向影响			是	

三、大学生网络素养各因子影响网络沉迷症状回归分析

为了深入了解大学生网络素养影响网络沉迷症状，笔者同样采用多元回归中的 Stepwise 逐步回归方法，对大学生网络素养各因子影响网络沉迷各因子进行回归分析。

1. 大学生网络素养各因子对人际问题的影响分析

为了进一步了解大学生网络素养对网络沉迷人际问题的影响，笔者以大学生网络素养的五个因子为自变量，以网络沉迷人际问题为因变量，采用了多元回归中的 Stepwise 逐步回归方法，分析网络素养各个维度对网络沉迷人际问题

的影响作用大小。

在进行多元回归时笔者发现，容忍度数值为 1.000，比 0 大，VIF 数值为 1.000，远远比 10 小，表示不存在多重共线性关系，该回归结果有效。同时，笔者在进行多元回归前，在统计量部分勾选上"共线性诊断"，发现在多元性诊断表格中，特征值中既没有出现 0，条件系数中也没有大于 30 的条件系数，说明该回归结果有效，没有多重共线性现象，具体如表 5-11 所示。

表 5-11　网络素养各因子对人际问题的多元回归分析表

模型	指标	Beta 值	t	p	R	R^2	调整 R^2	F	p
模型一	发布研究素养	-0.276	-8.893	0.000	0.276	0.076	0.075	79.078	0.000
模型二	发布研究素养	-0.276	-9.172	0.000	0.364	0.132	0.131	73.199	0.000
	安全道德素养	-0.237	-7.891	0.000					
模型三	发布研究素养	-0.276	-9.346	0.000	0.407	0.165	0.163	63.255	0.000
	安全道德素养	-0.237	-8.041	0.000					
	互动创新素养	0.181	6.145	0.000					
模型四	发布研究素养	-0.276	-9.430	0.000	0.425	0.181	0.178	52.869	0.000
	安全道德素养	-0.237	-8.113	0.000					
	互动创新素养	0.181	6.200	0.000					
	信息技术素养	-0.125	-4.276	0.000					

从表 5-11 中可以看出，五个预测变量中对人际问题有显著的预测力的变量共有四个，依序为发布研究素养、安全道德素养、互动创新素养和信息技术素养。四个预测变量与人际问题因变量之间的多元相关系数是 0.425，决定系数是 0.181，最终回归模型整体性检验的 F 值是 52.869（$p=0.000<0.05$），因此网络素养四个预测变量共可有效解释人际问题 18.1% 的变异量，达到极其显著水平（$p<0.001$），即人际问题的 18.1% 的变化程度是由大学生网络素养的四个因子解释的，并且模型显著性随着自变量个数的增加而逐步增强，说明四个自变量对因变量（人际问题）的影响显著。

从每个变量预测力的高低层面来看，对人际问题最具预测力的是发布研究素养自变量，它的解释变异量是 7.6%；其次为安全道德素养、互动创新素养、信息技术素养，它的解释变异量分别是 5.6%、3.3% 和 1.6%。

从标准化的回归系数方面来看，回归模型中发布研究素养、安全道德素养和信息技术素养三个预测变量对人际问题的影响均为负向，强度从大到小依次为发布研究素养（-0.276）、安全道德素养（-0.237）和信息技术素养（-0.125），说明网络素养这三个因子通过对人际问题的负向影响，以从大到小的顺序起到减弱网络沉迷中的人际关系问题。

但是，互动创新素养与上述三个因子正好相反，根据回归模型计算出的标准化回归系数 Beta 值为 0.181，表明互动创新素养对网络沉迷中的人际问题有正向影响，互动创新素养越高，越沉迷于网络，现实生活中的人际问题越严重。

为了更加清晰、直观地呈现这种影响关系，我们还可以通过标准化回归方程来呈现大学生网络素养四个维度影响网络沉迷人际问题的具体情况。标准化回归方程式如下：

$$网络沉迷人际问题 = -0.276 \times 发布研究素养 - 0.237 \times 安全道德素养$$
$$+ 0.181 \times 互动创新素养 - 0.125 \times 信息技术素养$$

为了清晰说明大学生网络素养各因子对网络沉迷人际问题影响的正负方向和显著程度，构建的网络素养各因子对人际问题影响的预测模型如图 5-5 所示。

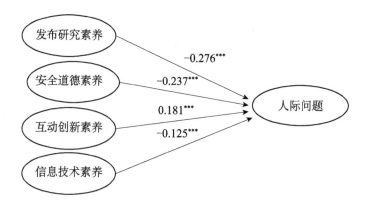

图 5-5　网络素养各因子对人际问题影响的预测模型

***表示$p < 0.001$

由图 5-5 可以看出，网络素养各因子对人际问题有显著影响作用，其中发布研究素养、安全道德素养和信息技术素养对人际问题具有负向影响作用。这表明个体在发布研究素养、安全道德素养和信息技术素养三个方面得分越高，人际问题的得分就越低，说明在过度、不当使用网络中带来的人际关系混乱、社交影响、学习成绩下降等情况越少。

而互动创新素养对人际问题具有正向影响作用，表明大学生在互动创新素养方面得分水平越高，人际问题得分越高，在过度、不当使用网络中带来的人际关系混乱、社交影响、学习成绩下降等情况发生率越高。这说明能够熟练使用网络，与他人在网络上进行良好沟通，建立虚拟网络关系的大学生，反而忽视现实生活中的人际交往和专业学习，导致大学生在网络上互动越频繁，现实生活中人际关系越不善于维系，学习成绩下降等的发生情况越普遍。这提示我们在进行网络素养教育时，应教育大学生分清虚拟社交和现实社交的区别，注重引导大学生建立积极有效的人际关系维系方式。

表5-12是对网络素养各因子对人际问题相关假设验证情况的汇总。

表5-12　网络素养各因子对人际问题相关假设验证情况

序号	假设	有无影响	方向	假设是否成立	回归系数
H12a	安全道德素养对人际问题有正向影响	有	负向	否	-0.237
H12b	安全道德素养对人际问题有负向影响			是	
H22a	信息技术素养对人际问题有正向影响	有	负向	否	-0.125
H22b	信息技术素养对人际问题有负向影响			是	
H32a	互动创新素养对人际问题有正向影响	有	正向	是	0.181
H32b	互动创新素养对人际问题有负向影响			否	
H42a	发布研究素养对人际问题有正向影响	有	负向	否	-0.276
H42b	发布研究素养对人际问题有负向影响			是	
H52a	自律批判素养对人际问题有正向影响	无		否	
H52b	自律批判素养对人际问题有负向影响			否	

2. 大学生网络素养各因子对冲动控制障碍问题的影响分析

笔者以大学生网络素养的五个因子为自变量，以冲动控制障碍为因变量，采用了多元回归中的Stepwise逐步回归方法，分析网络素养各个维度对网络沉迷冲动控制障碍问题的影响作用大小。

在进行多元回归时笔者发现，容忍度的值是1.000，远远超过0，VIF的数值是1.000，远远比10小，表示该回归结果有效，不存在多重共线性关系。同时，在进行多元回归前，在统计量部分勾选上"共线性诊断"，发现在多元性诊断表格中，特征值中既没有出现0，条件系数中也没有大于30的条件系数，说明该回归结果有效，不存在多重共线性关系，具体如表5-13所示。

表5-13　网络素养各因子对冲动控制障碍问题的多元回归分析表

模型	指标	Beta 值	t	p	R	R^2	调整 R^2	F	p
模型一	自律批判素养	−0.176	−5.542	0.000	0.176	0.031	0.030	30.713	0.000
模型二	自律批判素养	−0.176	−5.571	0.000	0.205	0.042	0.040	21.001	0.000
	互动创新素养	0.105	3.312	0.001					
模型三	自律批判素养	−0.176	−5.594	0.000	0.225	0.051	0.048	17.085	0.000
	互动创新素养	0.105	3.326	0.001					
	安全道德素养	0.094	2.984	0.003					

从表5-13中可以看出，五个预测变量中对冲动控制障碍问题有显著预测力的变量共有三个，依序为自律批判素养、互动创新素养和安全道德素养。三个预测变量与冲动控制障碍问题因变量之间的多元相关系数是0.225，决定系数是0.051，最终回归模型整体性检验的 F 值是17.085（$p=0.000 < 0.05$），因此网络素养的三个预测变量共可有效解释冲动控制障碍问题5.1%的变异量，达到极其显著水平（$p < 0.001$）。也就是，冲动控制障碍问题的5.1%的变化程度是由大学生网络素养的三个因子解释的，同时，模型的显著性也随着模型自变量个数的增加而逐步增强，说明三个自变量对因变量（冲动控制障碍问题）影响显著。

从每个变量预测力的高低层面来看，对冲动控制障碍问题最具预测力的是自律批判素养自变量，它的解释变异量是3.1%；其次是互动创新素养和安全道德素养，其解释变异量分别是1.1%、0.9%。

从标准化的回归系数方面来看，回归模型中的自律批判素养预测变量（−0.176）对冲动控制障碍问题的影响为负向，说明自律批判素养可以对网络的过度依赖、上网冲动控制障碍、强迫上网症状、网络成瘾耐受等情况起到反向作用，自律批判素养越高，上网冲动控制障碍越少。

但是互动创新素养、安全道德素养与自律批判素养正好相反，根据回归模型计算出的标准化回归系数 Beta 值分别为0.105和0.094，表明互动创新素养和安全道德素养对网络沉迷中的冲动控制障碍问题有正向影响，互动创新素养和安全道德素养越高，越控制不住地想上网。

为了更加清晰、直观地呈现这种影响关系，我们还可以通过标准化回归方程来呈现大学生网络素养三个维度影响网络沉迷中的冲动控制障碍问题的具体情况。标准化回归方程式如下：

$$冲动控制障碍问题＝－0.176×自律批判素养＋0.105×互动创新素养$$
$$＋0.094×安全道德素养$$

为了清晰说明大学生网络素养各因子对网络沉迷冲动控制障碍问题影响的正负方向和显著程度，构建的网络素养各因子对冲动控制障碍问题影响的预测模型如图 5-6 所示。

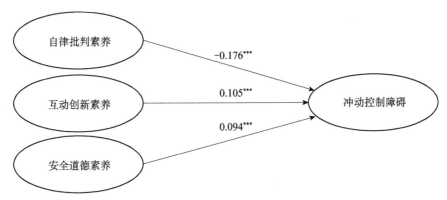

图 5-6　网络素养各因子对冲动控制障碍问题影响的预测模型

$***$表示$p<0.001$

由图 5-6 可以看出，网络素养各因子对冲动控制障碍问题有显著影响作用，其中自律批判素养对冲动控制障碍问题具有负向影响作用，表明个体在自律批判素养方面得分越高，冲动控制障碍问题的得分就越低，说明在过度、不当使用网络中带来的对网络的过度依赖、上网冲动控制障碍、强迫上网症状、网络成瘾耐受等情况越少。

而互动创新素养和安全道德素养具有正向影响作用，表明大学生在互动创新素养和安全道德素养方面得分水平越高，冲动控制障碍问题得分越高，在过度、不当使用网络中带来的对网络的过度依赖、上网冲动控制障碍、强迫上网症状、网络成瘾耐受等情况发生率越高。这说明能够熟练使用网络，与他人在网络上进行良好沟通，建立虚拟网络关系，以及具有在网上保护自身安全、处理不良信息和遵守网络道德文明上网能力素养的大学生，反而容易因为过度上网，对网络产生过度依赖，无法控制上网冲动，具有强迫上网症状和网络成瘾耐受情况。虽然两者影响冲动控制障碍问题的程度较小，但这提示我们在进行网络素养教育时，应教育大学生认清网络的"双刃剑"作用，不要过度沉迷于虚拟世界而无法自拔。

表5-14是对网络素养各因子对冲动控制障碍问题相关假设验证情况的汇总。

表 5-14　网络素养各因子对冲动控制障碍问题相关假设验证情况

序号	假设	有无影响	方向	假设是否成立	回归系数
H13a	安全道德素养对冲动控制障碍问题有正向影响	有	正向	是	0.094
H13b	安全道德素养对冲动控制障碍问题有负向影响			否	
H23a	信息技术素养对冲动控制障碍问题有正向影响	无		否	
H23b	信息技术素养对冲动控制障碍问题有负向影响			否	
H33a	互动创新素养对冲动控制障碍问题有正向影响	有	正向	是	0.105
H33b	互动创新素养对冲动控制障碍问题有负向影响			否	
H43a	发布研究素养对冲动控制障碍问题有正向影响	无		否	
H43b	发布研究素养对冲动控制障碍问题有负向影响			否	
H53a	自律批判素养对冲动控制障碍问题有正向影响	有	负向	否	-0.176
H53b	自律批判素养对冲动控制障碍问题有负向影响			是	

3. 大学生网络素养各因子对时间管理问题的影响分析

笔者以大学生网络素养的五个因子为自变量，以时间管理问题为因变量，采用了多元回归中的 Stepwise 逐步回归方法，分析网络素养各个维度对时间管理问题的影响作用大小。

在进行多元回归时笔者发现，容忍度的值是 1.000，比 0 大很多，VIF 是 1.000，比 10 小很多，表示这个回归结果是有效的，没有出现多重共线性的现象。同时，在进行多元回归前，在统计量部分勾选上"共线性诊断"，发现在多元性诊断表格中，特征值中既没有出现 0，条件系数中也没有大于 30 的条件系数，说明该回归结果有效，没有多重共线性现象，具体如表 5-15 所示。

表 5-15　网络素养各因子对时间管理问题的多元回归分析表

模型	指标	Beta 值	t	p	R	R^2	调整 R^2	F	p
模型一	安全道德素养	-0.069	-2.138	0.033	0.069	0.005	0.004	4.573	0.033

从表 5-15 中可以看出，五个预测变量当中对时间管理问题有显著的预测力的变量是安全道德素养，该预测变量与因变量之间的多元相关系数是 0.069，决定系数是 0.005，最终回归模型整体性检验的 F 值是 4.573（p = 0.033 ＜ 0.05），因此安全道德素养可有效解释时间管理问题 0.5% 的变异量，达到显著水平（p ＜ 0.05），即时间管理问题的 0.5% 的变化程度是由安全道德素养解释的，表明安全道德素养自变量对因变量（时间管理问题）具有显著影响。

从标准化的回归系数来看，回归模型中安全道德素养预测变量（-0.069）对时间管理问题的影响为负向，说明安全道德素养可以对使用网络造成的情绪和自控能力混乱，情绪和时间的控制能力出现偏差等情况起到反向作用，安全道德素养越高，情绪和时间的控制能力出现偏差等情况越少。

为了更加清晰、直观地呈现这种影响关系，我们还可以通过标准化回归方程来呈现大学生安全道德素养维度影响网络沉迷中的时间管理问题的具体情况。标准化回归方程式如下：

时间管理问题 = -0.069 × 安全道德素养

为了清晰说明大学生网络素养各因子对网络沉迷时间管理问题影响的正负方向和显著程度，构建了网络素养各因子对时间管理问题影响的预测模型，如图 5-7 所示。

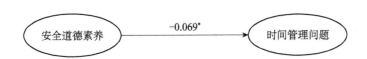

图 5-7　网络素养各因子对时间管理问题影响的预测模型

*表示 p ＜ 0.05

由图 5-7 可以看出，安全道德素养对时间管理问题具有负向影响作用，表明个体在安全道德素养方面得分越高，时间管理问题的得分就越低，说明使用网络造成的情绪和自控能力混乱，情绪和时间的控制能力出现偏差等情况越少。这提示我们在进行网络素养教育时，应教育大学生确立时间观念，在现实生活中找到成就感和自身存在的意义和价值，不要一味地沉浸在网络世界中。

表 5-16 是对网络素养各因子对时间管理问题相关假设验证情况的汇总。

表 5-16　网络素养各因子对时间管理问题相关假设验证情况

序号	假设	有无影响	方向	假设是否成立	回归系数
H14a	安全道德素养对时间管理问题有正向影响	有	负向	否	-0.069
H14b	安全道德素养对时间管理问题有负向影响			是	
H24a	信息技术素养对时间管理问题有正向影响	无		否	
H24b	信息技术素养对时间管理问题有负向影响			否	
H34a	互动创新素养对时间管理问题有正向影响	无		否	
H34b	互动创新素养对时间管理问题有负向影响			否	
H44a	发布研究素养对时间管理问题有正向影响	无		否	
H44b	发布研究素养对时间管理问题有负向影响			否	
H54a	自律批判素养对时间管理问题有正向影响	无		否	
H54b	自律批判素养对时间管理问题有负向影响			否	

4. 大学生网络素养各因子对身心健康损害问题的影响分析

笔者以大学生网络素养的五个因子为自变量，以身心健康损害问题为因变量，采用了多元回归中的 Stepwise 逐步回归方法，分析网络素养各个维度对身心健康损害问题的影响作用大小。

在进行多元回归时笔者发现，容忍度的值是 1.000，远大于 0，VIF 是 1.000，远小于 10，表示该回归结果有效，没有出现多重共线性的现象。同时，在进行多元回归前，在统计量部分勾选上共线性诊断，发现在多元性诊断表格中，特征值中既没有出现 0，条件系数中也没有大于 30 的条件系数，说明该回归结果有效，不存在多重共线性关系，具体如表 5-17 所示。

表 5-17　网络素养各因子对身心健康损害问题的多元回归分析表

模型	指标	Beta 值	t	p	R	R^2	调整 R^2	F	p
模型一	自律批判素养	-0.192	-6.053	0.000	0.192	0.037	0.036	36.637	0.000

从表 5-17 中可以看出，五个预测变量当中对身心健康损害问题有显著预测力的变量是自律批判素养，该预测变量与因变量之间的多元相关系数是 0.192，决定系数是 0.037，最终回归模型整体性检验的 F 值是 36.637（$p=0.000 < 0.05$），因此自律批判素养可有效解释身心健康损害问题 3.7% 的变异量，达到非常显著水平（$p<0.001$），即身心健康损害问题的 3.7% 的变化程度是由自律批判素养解释的，表明自律批判素养自变量对因变量（身心健康损害问题）具有显著影响。

从标准化的回归系数来看，回归模型中自律批判素养预测变量（-0.192）

对身心健康损害问题的影响为负向，说明自律批判素养对于因过度使用网络而出现的身体不适、精神不振等身心健康损害情况起到反向作用，自律批判素养越高，因不当使用网络对身体造成的负面影响越少。

为了更加清晰直观的呈现这种影响关系，我们还可以通过标准化回归方程来呈现大学生自律批判素养维度影响网络沉迷中的身心健康损害问题的具体情况。标准化回归方程式如下：

身心健康损害问题＝－0.192×自律批判素养

为了清晰说明大学生网络素养各因子对网络沉迷带来的身心健康损害问题影响的正负方向和显著程度，本研究构建的网络素养各因子对身心健康损害问题影响的预测模型如图 5-8 所示。

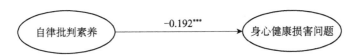

图 5-8　网络素养各因子对身心健康损害问题影响的预测模型

***表示 $p < 0.001$

由图 5-8 可以看出，自律批判素养对身心健康损害问题具有负向影响作用，表明个体在自律批判素养方面得分越高，身心健康损害问题的得分就越低，说明因过度使用网络而出现的身体不适、精神不振等身心健康损害情况越少。这提示我们在进行网络素养教育时，应教育大学生确立健康观念，避免因过度上网引起的鼠标手、颈椎病、肥胖症等问题的出现。

表 5-18 是对网络素养各因子对身心健康损害问题相关假设验证情况的汇总。

表 5-18　网络素养各因子对身心健康损害问题相关假设验证情况

序号	假设	有无影响	方向	假设是否成立	回归系数
H15a	安全道德素养对身心健康损害问题有正向影响	无		否	
H15b	安全道德素养对身心健康损害问题有负向影响			否	
H25a	信息技术素养对身心健康损害问题有正向影响	无		否	
H25b	信息技术素养对身心健康损害问题有负向影响			否	
H35a	互动创新素养对身心健康损害问题有正向影响	无		否	
H35b	互动创新素养对身心健康损害问题有负向影响			否	
H45a	发布研究素养对身心健康损害问题有正向影响	无		否	
H45b	发布研究素养对身心健康损害问题有负向影响			否	
H55a	自律批判素养对身心健康损害问题有正向影响	有	负向	否	－0.192
H55b	自律批判素养对身心健康损害问题有负向影响			是	

四、大学生网络沉迷影响因素分析

从以上分析可知，网络素养各因子对网络沉迷各因子间具有正向和负向影响力，但部分网络素养因子与网络沉迷各因子的多元相关系数的平方值（R^2）很小，说明作为自变量的网络素养各因子对因变量的解释力很小。为了提高 R^2 值，可以提高自变量对效标变量的解释力，增加自变量阶层和数量。

根据前几章相关理论和前人文献查找梳理，笔者采用阶层回归分析方法，在回归模型中分别将网络沉迷的四个因子（人际问题、冲动控制障碍、时间管理问题、身心健康损害）作为因变量，以人口统计学、网络素养、网络使用和影响认知、生活满意度各自作为自变量（预测变量）输入回归方程，考虑到尽可能多地涵盖预测变量，我们以 $p < 0.10$ 作为显著标准，检测这些预测变量因素与网络沉迷之间是否存在因果关系。

1. 大学生网络沉迷中的人际问题影响因素分析

表5-19第一列显示了以人际问题为因变量的回归分析结果，数据显示，15个预测变量进入回归方程式的显著变量共有8个，多元相关系数为0.467，阶层四元回归方程整体检验的 F 值是17.594（$p = 0.000$），达到0.05的显著水平，显示8个预测变量对人际问题有显著的解释力，它的联合解释变异量是21.8%，也就是表中8个变量可以联合预测人际问题21.8%的变异量。

通过多元回归分析的方法，可以测量出各自变量对网络沉迷中的人际问题是否产生影响，产生影响的正负方向及影响程度大小。

人口统计学预测变量层面，性格变量（$\beta = -0.094^{**}$，$p < 0.01$）和家庭居住地（$\beta = -0.086^{*}$，$p < 0.05$）与人际问题呈显著负相关关系。也就是，性格越内向，家庭居住地是农村的大学生，越容易表现出过度、不当使用网络中带来的人际关系混乱、社交影响、学习成绩下降等情况。此阶层解释了人际问题2.5%的变差。

网络素养预测变量层面，安全道德素养（$\beta = -0.219^{***}$，$p < 0.001$）、信息技术素养（$\beta = -0.113^{***}$，$p < 0.001$）、发布研究素养（$\beta = -0.268^{***}$，$p < 0.001$）均达显著水平，由于 β 值均为负，所以这三个预测变量对人际问题的影响均为负向。大学生安全道德素养、信息技术素养和发布研究素养越高，其因过度、不当使用网络中带来的人际关系混乱、社交影响、学习成绩下降等情况越少。而互动创新素养（$\beta = 0.176^{***}$，$p < 0.001$）对人际问题的影响却为正向，表明大学生在网上越善于与他人进行良好沟通，以及善于利用网络媒介发展自己、

拓宽视野，进行创新性网络使用，越愿意流连在网上，在网上花费的时间就多，反而更容易对网络产生依赖。此阶层解释了人际问题 17.7% 的变差，具体如表 5-19 所示。

表 5-19　大学生网络沉迷各因子影响因素回归分析

阶层	预测变量		网络沉迷			
			人际问题 β	冲动控制障碍 β	时间管理问题 β	身心健康损害 β
阶层一：人口统计学	性别（男生＝1）		−0.032	−0.072*	−0.018	−0.034
	性格（外向＝1）		−0.094**	−0.014	−0.016	−0.039
	家庭居住地	城市＆农村	−0.086*	0.007	−0.008	0.072#
		县镇＆农村	0.000	−0.005	−0.015	0.082*
	学习成绩		0.033	0.074*	−0.005	−0.006
	R^2 增量 / %		2.500***	1.700**	0.300	0.900
阶层二：网络素养	安全道德素养		−0.219***	0.082*	−0.031	0.031
	信息技术素养		−0.113***	−0.018	−0.042	0.053
	互动创新素养		0.176***	0.060#	−0.056#	0.004
	发布研究素养		−0.268***	−0.052#	0.012	0.039
	自律批判素养		−0.030	−0.124***	−0.032	−0.159***
	R^2 增量 / %		17.700***	5.100***	0.900	4.100***
阶层三：网络使用和影响认知	上周上网时长		0.041	0.171***	0.119***	−0.020
	使用社交网站		0.070*	0.134***	0.010	0.003
	网络游戏		0.084**	0.052	0.158***	0.003
	网络影响认知		−0.045	−0.011	−0.051	−0.064#
	R^2 增量 / %		1.500***	5.200***	4.100***	0.700***
阶层四：生活满意度	生活满意度		−0.031	0.011	−0.005	−0.177***
	R^2 增量 / %		0.1***	0***	0***	2.8***
多元相关系数（R）			0.467	0.346	0.230	0.291
F 值			17.594***	8.578***	3.518***	5.835***
R^2 总量 / %			21.8	12	5.3	8.5
样本 N			961	961	961	961

注：# 表示 $p<0.10$，* 表示 $p<0.05$，** 表示 $p<0.01$，*** 表示 $p<0.001$。

网络使用和影响认知预测变量层面，长时间花费在使用社交网站（如微博、微信等）（$\beta=0.070^*$，$p<0.05$）及经常玩电脑游戏（$\beta=0.084^{**}$，$p<0.01$）的大学生，更容易对网络产生依赖。此阶层解释了人际问题 1.5% 的变差。

生活满意度预测变量层面，对人际问题没有影响。标准化回归方程式为：

人际问题=-0.094×性格-0.086×家庭居住地-0.219×安全道德素养-0.113×信息技术素养+0.176×互动创新素养-0.268×发布研究素养+0.070×使用社交网站+0.084×网络游戏

如表5-19所示,我们可以大致描摹出网络沉迷第一种表现,人际问题比较容易发生在性格内向,家庭居住在农村,安全道德素养、信息技术素养、发布研究素养不高,互动创新素养较高,喜欢使用社交网站(如微博、微信),爱玩电脑游戏的大学生身上。

进一步观察表5-19中的标准化回归系数和显著水平,我们发现,就个别变量的解释量来看,网络素养层面的预测力最佳,网络素养层面解释了人际问题17.7%的变差,比人口统计学变量层面(2.5%)、网络使用和影响认知层面(1.5%)和生活满意度层面(0.1%)的比例高得多,虽然四个阶层的变量的联合预测力达到21.8%,但主要预测力还在网络素养层面,可见大学生网络素养对网络沉迷的人际问题影响最大,而且以负相关为主。

2. 大学生网络沉迷中的冲动控制障碍影响因素分析

表5-19的第二列显示了以冲动控制障碍问题为因变量的回归分析结果,其中的数据显示,进入回归方程式的有15个预测变量中的8个显著变量,多元相关系数为0.346,阶层四元回归方程整体检验的F值是8.578($p=0.000$),达到了0.05的显著水平,表明8个预测变量对冲动控制障碍问题有显著的解释力,其联合解释变异量为12%,亦即表中8个变量能联合预测冲动控制障碍问题12%的变异量。

通过多元回归分析的方法,可以测量出各自变量对网络沉迷中的冲动控制障碍问题是否产生影响、产生影响的正负方向及影响程度大小。

人口统计学预测变量层面,性别变量($\beta=-0.072^*$,$p<0.05$)和学习成绩($\beta=0.074^*$,$p<0.05$)呈显著相关关系。也就是,学习成绩差的女大学生,越容易出现对网络过度依赖、上网冲动控制障碍、强迫上网症状、网络成瘾耐受等情况。此阶层解释了冲动控制障碍问题1.7%的变差。

网络素养预测变量层面,发布研究素养($\beta=-0.052^\#$,$p<0.10$)和自律批判素养($\beta=-0.124^{***}$,$p<0.001$)均达显著水平,由于β值均为负,所以这两个预测变量对冲动控制障碍问题的影响均为负向。大学生发布研究素养和自律批判素养越高,其对于网络的过度依赖、上网冲动控制障碍、强迫上网症状、网络成瘾耐受等情况越少。而安全道德素养($\beta=0.082^*$,$p<0.05$)和互动创新素养($\beta=0.060^\#$,$p<0.10$)对冲动控制障碍问题的影响却为正向,表

明大学生越具有在网上保护自身安全、处理不良信息和遵守网络道德文明上网的能力素养，在网上越善于与他人进行良好沟通，以及善于利用网络媒介发展自己、拓宽视野，进行创新性网络使用，越容易对网络产生依赖。此阶层解释了冲动控制障碍问题 5.1% 的变差。

网络使用和影响认知预测变量层面，上网时长过长（$\beta=0.171^{***}$，$p<0.001$）和长时间花费在使用社交网站（如微博、微信等）（$\beta=0.134^{***}$，$p<0.001$）的大学生，更容易对网络产生依赖。此阶层解释了冲动控制障碍问题 5.2% 的变差。

生活满意度预测变量层面，对冲动控制障碍问题没有影响。标准化回归方程式为：

$$冲动控制障碍问题 = -0.072 \times 性别 + 0.074 \times 学习成绩 + 0.082 \times 安全道德素养 + 0.060 \times 互动创新素养 - 0.052 \times 发布研究素养 - 0.124 \times 自律批判素养 + 0.171 \times 上周上网时长 + 0.134 \times 使用社交网站$$

如表 5-19 所示，我们可以大致描摹出网络沉迷的第二种表现，冲动控制障碍问题比较容易发生在学习成绩差，发布研究素养和自律批判素养不高，安全道德素养和互动创新素养较高，长时间上网的大学生，以及喜欢流连在社交网站（如微博、微信）的女大学生身上。

进一步观察表 5-19 中的标准化回归系数和显著水平，我们发现，就个别变量的解释量层面来看，以网络素养和网络使用和影响认知层面的预测力为最佳，这两个层面分别解释了冲动控制障碍问题 5.1% 和 5.2% 的变差，比人口统计学变量层面（1.7%）的比例要高，虽然四个阶层变量的联合预测力达到 12%，但主要预测力还在网络素养层面、网络使用和影响认知层面，可见大学生网络素养和网络使用对网络沉迷的冲动控制障碍问题影响最大，正负向影响兼具。

3. 大学生网络沉迷中的时间管理问题影响因素分析

表 5-19 第三列显示了以时间管理问题为因变量的回归分析结果，其数据显示，进入回归方程式的只有 15 个预测变量中的 3 个显著变量，多元相关系数为 0.230，回归方程整体检验的 F 值是 3.518（$p=0.000$），达到了 0.05 的显著水平，表明 3 个预测变量对时间管理问题有显著的解释力，它的联合解释变异量是 5.3%，也就是说表中 3 个变量能够联合预测时间管理问题 5.3% 的变差。

通过多元回归分析的方法，可以测量出各自变量对网络沉迷中的时间管理问题是否产生影响、产生影响的正负方向及影响程度大小。

人口统计学预测变量层面，对时间管理问题没有影响。

网络素养预测变量层面，互动创新素养（$\beta = -0.056^{\#}$，$p < 0.10$）达显著水平，由于 β 值为负，所以互动创新素养和时间管理问题之间负相关。大学生互动创新素养越高，其在网络使用中所出现的对于情绪和时间的控制能力出现偏差等情况越少。此阶层解释了时间管理问题 0.9% 的变差。

网络使用和影响认知预测变量层面，上网时长过长（$\beta = 0.119^{***}$，$p < 0.001$）和长时间玩网络游戏（$\beta = 0.158^{***}$，$p < 0.001$）的大学生，更容易对情绪和时间的控制能力弱。此阶层解释了时间管理问题 4.1% 的变差。

生活满意度预测变量层面，对时间管理问题没有影响。

标准化回归方程式为：

时间管理问题 = -0.056 × 互动创新素养 + 0.119 × 上周上网时长 + 0.158 × 网络游戏

根据表 5-19 所示，我们可以大致描摹出网络沉迷第三种表现，时间管理问题比较容易发生在互动创新素养不高、长时间上网、喜欢玩网络游戏的大学生身上。

进一步观察表 5-19 中的标准化回归系数和显著水平，我们发现，就个别变量的解释量来看，网络使用和影响认知层面的预测力最佳，这个层面解释了时间管理问题 4.1% 的变差，比网络素养层面（0.9%）的比例高很多，虽然四个阶层变量的联合预测力达到 5.3%，但主要预测力还在网络使用和影响认知层面，可见大学生网络使用对网络沉迷的时间管理问题影响最大，上网时间长、喜欢玩网络游戏的大学生会长时间待在网上，对于时间的控制和管理很差。

4. 大学生网络沉迷中的身心健康损害问题影响因素分析

表 5-19 第四列显示了以身心健康损害问题为因变量的回归分析结果，它的数据显示，进入回归方程式的只有 15 个预测变量中的 4 个显著变量，多元相关系数为 0.291，阶层四元回归方程整体检验的 F 值是 5.835（$p = 0.000$），已达到了 0.05 的显著水平，说明 4 个预测变量对身心健康损害问题有显著的解释力，它的联合解释变异量是 8.5%，也就是说表中 4 个变量可以联合起来预测身心健康损害问题 8.5% 的变异量。

通过多元回归分析的方法，可以测量出各自变量对网络沉迷中的身心健康损害问题是否产生影响、产生影响的正负方向及影响程度大小。

人口统计学预测变量层面，家庭居住地在城市的变量（$\beta = -0.072^{\#}$，$p <$

0.10）和家庭居住地在县镇的变量（$\beta=-0.082^*$，$p<0.05$）呈显著相关关系。也就是，与农村孩子相比，生活在城市和县镇的大学生更觉得自己经常发生因过度使用网络而出现的身体不适、精神不振等身心健康损害情况。此阶层解释了冲动控制障碍问题 0.9% 的变差。

网络素养预测变量层面，自律批判素养（$\beta=-0.159^{***}$，$p<0.001$）达显著水平，由于 β 值为负，所以自律批判素养和身心健康损害问题之间负相关。大学生自律批判素养越高，其因过度使用网络而出现的身体不适、精神不振等身心健康损害情况越少。此阶层解释了身心健康损害问题 4.1% 的变差。

网络使用和影响认知预测变量层面，对网络影响认知消极（$\beta=-0.064^{\#}$，$p<0.10$）的大学生，更容易出现身体不适、精神不振等身心健康损害状况。此阶层解释了身心健康损害问题 4.1% 的变差。

生活满意度预测变量层面，生活满意度（$\beta=-0.177^{***}$，$p<0.001$）与身心健康损害问题之间是负相关，表明对生活满意度越低的大学生，越容易出现因上网不当而带来身心健康损害情况。

标准化回归方程式为：

身心健康损害问题＝0.072×城市居住地 +0.082×县镇居住地 -0.159×
自律批判素养 -0.064×网络影响认知 -0.177×生活
满意度

如表 5-19 所示，我们可以大致描摹出网络沉迷第四种表现，身心健康损害问题比较容易发生在生活在城市和县镇的自律批判素养不高、对网络影响认知消极的大学生身上。

进一步观察表 5-19 中的标准化回归系数和显著水平，我们发现，就个别变量的解释量来看，网络素养的预测力最佳，这一层面解释了身心健康损害问题 4.1% 的变差，比生活满意度层面（2.8%）、人口统计学变量层面（0.9%）和网络使用和影响认知层面（0.7%）的比例都高。虽然这四个阶层变量的联合预测力达到 8.5%，但主要预测力还是在网络素养层面上。由此可见，大学生网络素养对网络沉迷的身心健康损害问题影响最大；自律批判素养低的大学生会因为长时间上网，而损害身心健康。

5. 大学生网络沉迷指数影响因素分析

接下来，本书采用阶层回归分析方法，在回归模型中将网络沉迷总体指数作为因变量，以人口统计学、网络素养、网络使用和影响认知、生活满意度作为一组自变量输入回归方程，以 $p<0.05$ 作为显著标准，检测这些预测变量因

素与网络沉迷总体指数之间是否存在因果关系，分析结果见表 5-20。

表 5-20　大学生网络沉迷总体指数影响因素回归分析

阶层	预测变量		网络沉迷总体指数 β
阶层一：人口统计学	性别（男生＝1）		-0.078^{*}
	性格（外向＝1）		-0.081^{**}
	家庭居住地	城市 & 农村	-0.008
		县镇 & 农村	0.031
	学习成绩		0.048
	R^2 增量 /%		2.200^{**}
阶层二：网络素养	安全道德素养		-0.069^{*}
	信息技术素养		-0.060^{*}
	互动创新素养		0.092^{**}
	发布研究素养		-0.134^{***}
	自律批判素养		-0.173^{***}
	R^2 增量 /%		10.200^{***}
阶层三：网络使用和影响认知	上周上网时长		0.156^{***}
	使用社交网站		0.108^{**}
	网络游戏		0.148^{***}
	网络影响认知		-0.086^{**}
	R^2 增量 /%		6.700^{***}
阶层四：生活满意度	生活满意度		-0.101^{**}
	R^2 增量 /%		0.9^{***}
多元相关系数（R）			0.448
F 值			15.804^{***}
R^2 总量 /%			20
样本 N			961

注：* 表示 $p<0.05$，** 表示 $p<0.01$，*** 表示 $p<0.001$。

表 5-20 第一列显示了以网络沉迷总体指数为因变量的回归分析结果，数据表明，进入回归方程式的显著变量共有 15 个预测变量中的 12 个，多元相关系数为 0.448，回归方程整体检验的 F 值是 15.804（$p=0.000$），满足 0.05 标准下的的显著性水平，说明 12 个预测变量对网络沉迷总体指数有显著的解释力，它的联合解释变异量是 20%，也就是说表中 12 个变量可以联合预测网络沉迷

总体指数 20% 的变异量。

通过多元回归分析的方法，可以测量出各自变量对网络沉迷总体指数是否产生影响、产生影响的正负方向及影响程度大小。

人口统计学预测变量层面，性别变量（$\beta=-0.078^*$，$p<0.05$）和性格变量（$\beta=-0.081^{**}$，$p<0.01$）与网络沉迷总体指数呈显著负相关关系。也就是，性格越内向的女大学生，越容易出现网络依赖的情况。此阶层解释了网络沉迷总体指数 2.2% 的变差。

网络素养预测变量层面，安全道德素养（$\beta=-0.069^*$，$p<0.05$）、信息技术素养（$\beta=-0.060^*$，$p<0.05$）、发布研究素养（$\beta=-0.134^{***}$，$p<0.001$）和自律批判素养（$\beta=-0.173^{***}$，$p<0.001$）均达显著水平，由于 β 值均为负，所以这四个预测变量对网络沉迷总体指数的影响均为负向。大学生安全道德素养、信息技术素养、发布研究素养和自律批判素养越高，其因过度、不当使用网络中带来的网络沉迷情况就越少。而互动创新素养（$\beta=0.092^{**}$，$p<0.01$）对网络沉迷总体指数的影响却为正向，表明大学生在网上越善于与他人进行良好沟通，以及善于利用网络媒介发展自己、拓宽视野，进行创新性网络使用，就越愿意流连在网上，在网上花费的时间就多，更容易沉迷于网络无法自拔。此阶层解释了网络沉迷总体指数 10.2% 的变差。

网络使用和影响认知预测变量层面，上网时长过长（$\beta=0.156^{***}$，$p<0.001$）、长时间使用社交网站（如微博、微信等）（$\beta=0.108^{**}$，$p<0.01$）、经常玩电脑游戏（$\beta=0.148^{***}$，$p<0.001$）以及对网络影响消极认知（$\beta=-0.086^{**}$，$p<0.01$）的大学生，更容易对网络产生依赖。此阶层解释了网络沉迷总体指数 6.7% 的变差。

生活满意度预测变量层面，生活满意度（$\beta=-0.101^{**}$，$p<0.01$）与网络沉迷总体指数之间负相关，表明对生活满意度越低的大学生，越容易网络沉迷。

标准化回归方程式为：

$$网络沉迷总体指数 = -0.078 \times 性别 - 0.081 \times 性格 - 0.069 \times 安全道德素养$$
$$-0.060 \times 信息技术素养 + 0.092 \times 互动创新素养$$
$$-0.134 \times 发布研究素养 - 0.173 \times 自律批判素养$$
$$+0.156 \times 上周上网时长 + 0.108 \times 使用社交网站$$
$$+0.148 \times 网络游戏 - 0.101 \times 生活满意度$$

如表 5-20 所示，我们可以大致描摹出网络沉迷比较容易发生在性格内向，安全道德素养、信息技术素养、发布研究素养和自律批判素养不高，互动创新素养较高的，长时间上网，喜欢使用社交网站（如微博、微信），爱玩电脑游戏的大学生，以及对网络影响认知偏消极的女大学生身上。

进一步观察表 5-20 中的标准化回归系数和显著水平，我们发现，就个别变量的解释量来看，网络素养层面的预测力最佳，此层面解释了网络沉迷总体指数 10.2% 的变差，比网络使用和影响认知层面（6.7%）、人口统计学层面（2.2%）和生活满意度层面（0.9%）的比例高得多，虽然四个阶层的变量的联合预测力达到 20%，但主要预测力还在网络素养层面，可见大学生网络素养对网络沉迷总体指数影响最大，而且以负相关为主。

第三节　大学生网络素养影响网络沉迷的模型修正及解释

一、大学生网络素养影响网络沉迷的模型修正

通过前面充分的实证分析，笔者对大学生网络素养影响网络沉迷的 50 条假设进行了多元回归验证，大学生网络素养对网络沉迷的影响模型修正如图 5-9 所示。

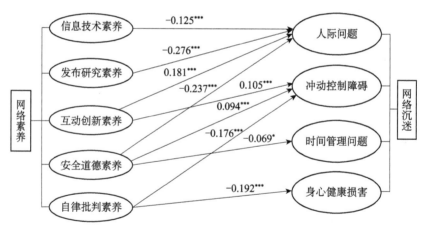

图 5-9　网络素养影响网络沉迷的模型

*表示 $p < 0.05$，***表示 $p < 0.001$

二、大学生网络素养影响网络沉迷模型解释

通过对网络素养的五个维度与网络沉迷的四个维度的相关性分析，实证了大学生网络素养与网络沉迷具有相关关系，这是模型建构的前提。在相关分

析中，我们发现网络素养的五个维度与网络沉迷中的四个维度大部分是负相关关系。但是值得一提的是，网络安全道德素养与网络沉迷的冲动控制障碍（$r=0.094$，$p<0.01$）、网络互动创新素养与网络沉迷中的人际问题（$r=0.181$，$p<0.01$），以及冲动控制障碍（$r=0.105$，$p<0.01$）却呈显著正相关关系。

1. 网络素养对网络沉迷的影响作用

通过回归分析，本书实证分析了大学生网络素养五个因子对网络沉迷的影响作用，包括影响的方向和强度，结果为：五个预测变量中对网络沉迷有显著的预测力的变量共有四个，依序为自律批判素养、发布研究素养、互动创新素养和安全道德素养，网络素养四个预测变量共可有效解释网络沉迷 10.1% 的变异量，达到极其显著水平（$p<0.001$）。

从每个变量预测力的高低层面来看，对网络沉迷最具预测力的为自律批判素养自变量，它的解释变异量是 5.7%；其次为发布研究素养、互动创新素养、安全道德素养，其解释变异量分别为 2.1%、1.4% 和 0.9%。

网络素养各因子对网络沉迷有显著影响作用。其中，自律批判素养、发布研究素养和安全道德素养对网络沉迷具有负向影响作用，表明个体在自律批判素养、发布研究素养和安全道德素养三个方面得分越高，网络沉迷的得分就越低，沉迷于网络的情况就越少。

而互动创新素养对网络沉迷具有正向影响作用，表明大学生在互动创新素养方面得分水平越高，网络沉迷得分就越高。这说明具有使用网络与他人进行良好沟通以及善于利用网络媒介发展自己、拓宽视野，进行创新性网络使用的能力素养的大学生，反而越容易在网络上频繁互动，沉迷于虚拟世界。这提示我们应教育大学生认清虚拟现实和真实世界的差别。

2. 网络素养对网络沉迷四个因子的影响作用

通过回归分析，本书实证分析了大学生网络素养五个因子对网络沉迷四个因子的影响作用，包括影响的方向和强度，结果如下。

（1）网络素养的发布研究素养、安全道德素养、信息技术素养和互动创新素养四个因子，通过影响网络沉迷中的人际问题因子作用于网络沉迷。其中，发布研究素养、安全道德素养和信息技术素养对人际问题具有负向影响作用，表明个体在发布研究素养、安全道德素养和信息技术素养三个方面得分越高，人际问题的得分就越低，说明在过度、不当使用网络中带来的人际关系混乱、社交影响、学习成绩下降等情况越少。

而互动创新素养对人际问题具有正向影响作用，表明大学生在互动创新素养方面得分水平越高，人际问题得分越高，在过度、不当使用网络中带来的人际关系混乱、社交影响、学习成绩下降等情况发生率越高。这说明能够熟练使用网络，与他人在网络上进行良好沟通，建立虚拟网络关系的大学生，反而忽视现实生活中的人际交往和专业学习，导致大学生在网络上互动越频繁，现实生活中人际关系越不维系，学习成绩下降等的发生情况越普遍。这提示我们在进行网络素养教育时，应注重引导大学生建立积极有效的人际关系维系方式。

通过对大学生网络素养中相关因子影响作用的挖掘和发挥，对于有效干预人际关系问题的形成，缓解和预防大学生网络沉迷的形成具有重要价值。

（2）网络素养中的自律批判素养、互动创新素养和安全道德素养三个因子，对冲动控制障碍问题有显著影响作用。其中，自律批判素养对冲动控制障碍问题具有负向影响作用，表明个体在自律批判素养方面得分越高，冲动控制障碍问题的得分就越低，说明在过度、不当使用网络中带来的对网络的过度依赖、上网冲动控制障碍、强迫上网症状、网络成瘾耐受等情况越少。

而互动创新素养和安全道德素养具有正向影响作用，表明大学生在互动创新素养和安全道德素养方面得分水平越高，冲动控制障碍问题得分越高，在过度、不当使用网络中带来的对网络的过度依赖、上网冲动控制障碍、强迫上网症状、网络成瘾耐受等情况发生率越高。这说明能够熟练使用网络，与他人在网络上进行良好沟通，建立虚拟网络关系，以及具有在网上保护自身安全、处理不良信息和遵守网络道德文明上网的能力素养的大学生，反而容易因为过度上网，对网络产生过度依赖，无法控制上网冲动，具有强迫上网症状和网络成瘾耐受情况。虽然两者影响冲动控制障碍问题的程度较小，但这提示我们在进行网络素养教育时，应教育大学生认清网络的"双刃剑"作用，不要过度沉迷于虚拟世界而无法自拔。

（3）安全道德素养对时间管理问题具有负向影响作用，表明个体在安全道德素养方面得分越高，时间管理问题的得分就越低，说明使用网络造成的情绪和自控能力混乱、情绪和时间的控制能力出现偏差等情况越少。这提示我们在进行网络素养教育时，应教育大学生确立时间观念，在现实生活中找到成就感和自己存在的意义和价值，不要一味地沉浸在网络世界中。

（4）自律批判素养对身心健康损害问题具有负向影响作用，表明个体在自律批判素养方面得分越高，身心健康损害问题的得分就越低，说明因过度使用网络而出现的身体不适、精神不振等身心健康损害的情况越少。这提示我们在进行网络素养教育时，应教育大学生确立健康观念，避免因过度上网引起鼠标手、颈椎病、肥胖症和心理疾病等健康问题。

（5）大学生网络素养对网络沉迷的影响模型为我们进一步指明了网络素养教育的路径。大学生网络素养五个因子与网络沉迷四个因子的标准化回归系数Beta取值告诉我们，哪些因变量对于影响大学生网络沉迷的预测力最佳，哪些相对预测力稍差，哪些是可以排除的影响因素，这为我们找到有效的教育途径提供了实证依据和选择。大学生网络素养各因子对网络沉迷各因子影响的正负向符号，向我们揭示了它们之间的正负向影响关系，为我们遵循事物之间的内在联系和本质规律开展网络素养教育活动指明了方向。模型的结论也得到了一些社会学家和传播学者研究成果的相互印证，对于其作为大学生网络素养教育课程、网络思想政治教育对策的制定依据，具有高度的可靠性。

三、大学生网络沉迷多因素影响综合模型拓展

大学生网络素养对网络沉迷的影响不是单向、压倒性的，从部分网络素养因子与网络沉迷各因子的多元相关系数的平方值很小可以看出，作为自变量的网络素养各因子对因变量网络沉迷的解释力不大。

可以说，影响大学生网络沉迷的因素还有很多，因此最后笔者根据前几章相关理论和前人文献查找梳理，增加了人口统计学、网络使用和影响认知、生活满意度等自变量层级，加上网络素养各因子，采用阶层回归分析方法，检测网络沉迷的影响因素的范围。可以说，通过提高自变量的阶层和数量，增加了对效标变量的解释力，对于大学生网络沉迷的联合预测力达到了20%。

大学生网络沉迷多因素影响综合模型拓展结果如图5-10所示。

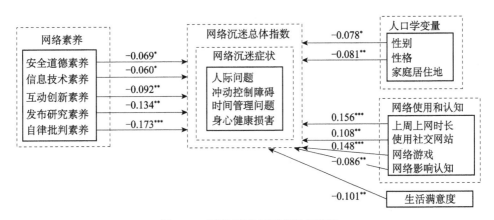

图 5-10　网络沉迷多因素影响模型

*表示$p<0.05$，**表示$p<0.01$，***表示$p<0.001$

第四节　本　章　小　结

　　本书以 Shapiro 和 Hughes 所做的网络素养七维量表、Young 在 1998 年提出的包含 20 个问题的测量网络成瘾的问卷[158]、Bianchi 和 Phillips 在 2005 年提出的同样包含 20 个问题的测量网络沉迷指数的问卷[159]，以及 Leung 和 Lee 在 2012 年提出的测量网络成瘾的问卷[22]为基础，借鉴了台湾学者陈淑惠等本土化的《中文网络成瘾量表》[157]，做了本土化的修正后，制定了本次的《大学生网络素养量表》和《大学生网络沉迷量表》。采用随机分层抽样的方法，通过对辽宁省大连市 9 所高校大一至大五 1000 名学生进行的面对面问卷调查，根据大学生网络素养五个因子建立了大学生网络素养影响网络沉迷的 50 条假设及理论模型，运用相关分析和回归分析方法进行实证研究，提出了网络素养影响网络沉迷的内在作用机制，探索了大学生网络素养对网络沉迷的影响模型。

　　研究发现，自律批判素养、发布研究素养和安全道德素养对网络沉迷总体指数具有负向影响作用，而互动创新素养对网络沉迷总体指数具有正向影响作用。

　　发布研究素养、安全道德素养和信息技术素养对人际问题具有负向影响作用，而互动创新素养对人际问题具有正向影响作用。

　　网络素养中的自律批判素养、互动创新素养和安全道德素养三个因子对冲动控制障碍问题有显著影响作用，其中自律批判素养对冲动控制障碍问题具有负向影响作用，而互动创新素养和安全道德素养具有正向影响作用。

　　安全道德素养对时间管理问题具有负向影响作用。

　　自律批判素养对身心健康损害问题具有负向影响作用。

　　本书在建立大学生网络素养影响网络沉迷模型的基础上，通过增加人口统计学、网络使用和影响认知、生活满意度等自变量层级，加上网络素养各因子，采用阶层回归分析方法，建立和拓展了大学生网络沉迷多因素影响综合模型。

第六章　大学生网络素养失衡下的网络沉迷表现及原因解析

随着科技的不断发展和生产力水平的日益提升，后工业时代悄然来临。人类已经进入高度发达的信息社会。信息社会的主要产物之一手机媒体日益流行，成为大众尤其是年轻受众生活中不可或缺的重要组成部分，因而现代信息社会中的媒介沉迷现象日益严重。而 SNS 作为年轻人使用手机媒体的主要信息载体，越发成为网络沉迷现象表现得最为明显的主阵地之一。

第一节　大学生网络素养失衡下的网络沉迷表现

麦克卢汉说过"媒介是人体的延伸"，纵观历史，每种新媒介的出现都是人的感觉和感官的扩展和延伸。车轮是腿的延伸，文字和印刷媒介是眼睛的延伸，电话是口和耳的延伸，电视是耳朵和眼睛的延伸，电脑是人脑的延伸……手机的出现，更是打破了原有的感觉平衡，成为人的各种感官的综合延伸。

在"人的各种感官的综合延伸"的手机媒体面前，作为年轻受众的大学生很难抵挡它的诱惑，出现了各种因过度使用手机媒体而成瘾的现象，必须通过不断增加上网时间来满足自己的需求，一旦不能上网身心就感到极度不适，甚至影响到现实生活和自身健康。这一系列成瘾症状已经在本书第五章根据探索性因子分析结果做了命名，分别为"人际问题""冲动控制障碍""时间管理问题"和"身心健康损害"。可以说，凡是过度使用、滥用手机媒体，对个人身心健康造成严重影响的行为都可视为网络沉迷症状。

正如第二章理论基础所述，网络沉迷本质上是对信息和传播技术的崇拜所带来的技术对人的异化和奴役。大学生网络沉迷突出表现为移动互联网对大学生的异化，再进一步说就是手机 SNS 媒介应用对大学生的控制。

SNS 是一种实现人们社会性网络的互联网应用服务，在中国主要以微博、微信和 QQ 为代表。随着智能手机的流行和 4G 互联网络的普及，手机媒体与 SNS 的结合创造出的移动互联应用成了青年人尤其是大学生信息传播和人际交往的重要平台，成为大学生所依赖的社交平台。大度博策（北京）科技咨询有限公司发布的《SNS 网站用户行为研究报告》显示，使用 SNS 的受众年龄主要集中为 16～25 岁，他们占据了 SNS 用户人数的 73.3%。而大学生网民构成了微博、QQ、微信等 SNS 用户的重要组成部分[176]。CNNIC 发布的第 38 次《中国互联网络发展状况统计报告》提供的数据，印证了这一点——截至 2016 年 6 月底，微信朋友圈的使用率为 78.7%，QQ 空间的使用率为 67.4%。另外，CNNIC 公布的《2014 年中国社交类应用用户行为研究报告》数据显示，57.9% 的用户每天都会使用 SNS，另外有 20% 以上的用户每周都会访问 2 次以上[177]。

可以说，以微博、微信为代表的新的媒介形态——SNS 在短短几年里成长壮大，给予大学生传播信息、表达观点、碰撞思想、展现自我的舞台，但 SNS 迅速崛起背后，对大学生信息搜索、娱乐休闲、情感皈依、社会关系所带来的异化现象，值得我们深思。因此，通过了解大学生沉迷于手机 SNS 媒介应用来分析大学生的网络沉迷表现，并找出具体原因和对策，具有重要的研究价值。

本节还以第二章桑德拉·鲍尔-洛基奇和梅尔文·德弗勒提出的媒介系统依赖理论为切入点，结合当下智能手机的流行和 4G 互联网络的普及的现状，分析以手机 SNS 为代表的媒介，SNS 主要使用者——大学生、社会之间的相互依赖和沉迷的多种表现。这些表现主要从信息沉迷、娱乐沉迷两种工具性利益沉迷关系，以及情感沉迷、关系沉迷两种仪式性非利益沉迷关系来逐一分析。

一、高效化媒介与膨胀化社会间的信息沉迷

在信息社会中，信息资源的无处不在，使得媒介在大众社会传播中所发挥的作用效率无限提升，而信息社会的信息亦需高效的媒介来进行传播。在信息社会中，媒介与社会之间的沉迷关系主要体现在手机 SNS 媒介对于信息社会的信息资源沉迷和信息社会对于手机 SNS 媒介的信息传播沉迷两方面上。

1. 手机 SNS 媒介对于信息社会的信息资源沉迷

（1）制造信息的原创性与信息资源的利用性。在手机 SNS 领航新媒体传播的当今时代，媒介对于信息资源的掌握从信息的制造源头就已经开始。可以说，手机 SNS 上存在的大量信息都具有其媒介和用户的原创性，这种原创性依赖于信息社会充分而海量的信息资源，并将其进行一定程度的整合、融汇，并通过手机 SNS 这一拥有海量用户资源的传播平台进行扩散性传播。以新浪微博为例，其微话题的设置正是利用了大量传统媒体报道所涉及的广泛存在的新闻事实和社会热点问题来作为最有效的谈资，而通过意见领袖等深度使用用户进行一定原创性的评论、转发，从而迅速形成舆论的扩散。

（2）发布信息的便携性与信息网络的阻塞性。手机SNS拥有的手机媒体的传播载体，以其高度便携性让信息的发布过程变得简单方便、随时随地、省力快捷。这也更提升了手机SNS对于信息社会中信息资源的沉迷程度——这更多地表现为一种对于信息技术层面上的迫切要求。为随时满足用户的使用需求，手机SNS必须要借助于信息社会高速发展的4G通信网络的普及，以提升发布的速度和效率、用户满意度。同时，信息社会中的主要信息产品——智能手机和移动设备技术层级不断更新换代，功能配置的逐渐完善，亦为手机SNS更好地满足用户需要提供了可能。

（3）传播信息的自由性与信息社会的管制性。在信息社会中，新媒体的年轻受众与媒介同时成了信息的传者和受者，甚至在某些情况下，年轻受众的传播作用会因其所在媒介载体所具有的超强的扩散性，使其传播作用的发挥甚于媒介。手机SNS因其媒介与用户合二为一的创新媒介载体形式，通过好友之间的互动、群组功能的开发、海量信息的转发使这种扩散性变得更为强烈。而这种扩散性功能的发挥也必须依赖于信息社会中海量的信息资源为其提供内容支持。同时，信息社会的行政、法律、经济上的宏观调控和资源管制行为，会制止不良信息在手机SNS平台上肆意扩散，从而促使媒介对其用户行为进行规制甚至进行媒介整改。

（4）接受信息的低效性与信息人才的支持性。目前，虽然手机SNS具有非常庞大的用户资源，但是其发展的盈利模式始终单一、模糊。也就是说，虽然手机SNS掌握了大量的信息资源和用户资源，但是始终缺乏流量转化为现金流的高效性。因此，手机SNS在信息社会中发挥高效作用，必须依赖于信息社会所培养出的大批从事信息产业的信息工人为其服务。信息社会中的信息传播者成为手机SNS得以在信息时代立足的必要支撑。手机SNS的信息传播力虽然很强，但是对于信息资源的真实度和公信力把握有待考察，因此手机SNS领域亟待具有公众影响力的信息时代媒体人的出现，一方面提升媒介的影响力和知名度，增加其双向的宣传作用，另一方面充当把关人和意见领袖，以其公信力为手机SNS领域的混乱现状正视听。

2. 信息社会对于手机SNS媒介的信息传播沉迷

（1）从内容到手段，传播内容发生嬗变。信息社会传播的内容发生了质的改变。可以说，在信息社会中，传播的信息内容不再是媒介所关注的重点，而信息的生产手段和信息加工处理的方式成为一种革命性的潜力。正是这样的手段和加工处理的方式，使得人们对于媒介的存在形式造成了新的沉迷。就手机

SNS 而言，信息的生产手段并未来源于媒介，而是来源于基于媒介平台使用而发挥作用的数量庞大的用户群体，而手机 SNS 在信息加工处理方面所具备的评论、转发、拉黑、关注等用户自身、用户与用户之间、用户群组之间的功能，使得信息发布的自由性、扩散性、广泛性都达到了空前的程度。同时，手机媒体所具有的发布的即时性、实时更新特性及其便携性，都为信息社会从内容到手段的转化提供了有利条件。

（2）从大众到人人，传播主体发生变异。尼葛洛庞帝在《数字化生存》一书中认为，"后信息时代，我们的生存环境变得越来越数字化，传播的受众往往只是些个体，信息变得极端个人化"[178]。就传播主体而言，信息社会由于信息渠道的多样化、信息发布的碎片化、信息传播的分散化、个人掌握信息能力和权力的提升化、个体对于信息资源的内在寻找性需求和发掘多样化等因素，更加依赖拥有充分信息资源的信息个体来进行信息传播，因而传播的主题不再是权威媒介等公共机构。而手机 SNS 正是将大众传播向人人传播的转化推向了极致。手机 SNS 所拥有的海量的用户资源及其即时更新、实时发布的技术特性，使得个人主体成为发布信息的主流，而组织化的专业传播主体甚至成为个体传播的附庸者。用户的个人行为在手机 SNS 上所造成的影响力已经开始赶超传统公共机构媒介，而传统媒介的滞后性亦日益在手机 SNS 高速发展的信息时代所体现，许多重大新闻事件的来源地往往始于 SNS 阵营，通过传统互联网和移动互联网广为传播，或其本身的发源地就是 SNS，如微博打拐、微博寻人等。

（3）从中央边缘到多角度全方位，传播方式发生改变。信息社会的传播方式亦发生了革命性的变革，从方向上来说，由单向度变为多向度，媒介与受众的传受关系发生置换。从范围上来说，大范围变为小范围，对于处于同一社会阶层的社会群体分众趋势尤为明显。从方式上来说，中央变为边缘，集权化的传播方式不复存在，民主化的团体传播趋势明显。从维度上来说，多角度、全方位地进行信息传播，以提升传播的纵深和广度。

而手机 SNS 作为信息时代新媒体的佼佼者，受众与媒介合二为一的方式，令媒介与受众受传功能同时满足的链式传播成为可能；基于共同兴趣爱好组建的群体功能的上线，让分众传播成为现实；自由化的言论方式、平等化的沟通交流、互动式的娱乐方式、隐私化的安全模式，令个体和民主得到关怀与重视；时时更新及时发布海量信息的个人化高效率和便捷体验，扩散其信息广度；把关人和意见领袖的上线增加其内容深度。信息社会对于手机 SNS 的依赖性呼之欲出。

二、消费化媒介与表演化受众间的娱乐沉迷

正如鲍德里亚在其《消费社会》中提到的，目前随着后工业时代的日益发展，我们已经身处于"物质化的消费社会"中[183]，而媒介作为消费社会中最具有代表性的传播工具，亦呈现出消费化媒介的趋势。信息社会中的媒介所利用的信息资源和生产资料本身是消费社会的产物，其生产出的媒介产品亦被烙上了消费品的标签，并且甚至有些媒介，其生产过程本身就是为了其产品可以成为被受众消费的消费品而量身打造的，而这个过程，在现实的媒介产品制作过程中更广泛地体现为对于娱乐消费产物的创作。而面对消费化的媒介，受众所表现出的则是为了寻求归属感和认同感而趋于在 SNS 内部进行伪装和虚构的表演化形象构建。整体上来说，手机 SNS 的设置模式符合年轻受众对于其内心真实向往的个人形象设置的表演化呈现心理，为用户伪装提供了可能，同时由于其便携、即时性的固有特征，又为年轻用户排解压力、休闲放松大开绿灯，因此大学生对于手机 SNS 的娱乐沉迷愈演愈烈。

1. 手机 SNS 对于大学生的娱乐消费沉迷

（1）参与性与利益依赖。媒介所生产的娱乐性的消费产品需要被年轻受众所认可和接受，并提升其参与性，从而使媒介通过提升收视率和参与度，从广告主处获得物质利益的经济性依赖。手机 SNS 对于年轻受众的娱乐消费依赖，较之于传统媒介更甚，这主要源于 SNS 本身就是基于利用用户及其各方面资源建立的社交网络性质。

同时，中国 SNS 网站提供了大量网页游戏功能，从 CNZZ 数据调查结果可以看出，参与社交网站所提供的娱乐性应用是受众登录 SNS 站点的主要原因。单个用户登录 SNS 站点的 85% 操作次数和 91% 的有效操作时间，都花在了参与互动娱乐和游戏中[179]。在 SNS 中，用户的参与度、点击率、访问量等形成硬性指标，与广告主的利益直接挂钩，且数据信息更易于收集整理和统计。

（2）升级性与口碑依赖。消费社会中媒介对于年轻受众的依赖还体现在对于受众的口碑依赖方面。出于利益驱使，手机 SNS 市场同质化竞争激烈，既有传统网络 SNS 在手机领域的垄断式延伸，又存在新型 SNS 对于市场的试水式占领。因而，如何取得最大的消费利益，占领消费市场，最终实现消费产品或服务的推送，取决于如何取悦用户。同时，由于部分手机 SNS 客户端为占领市场先机，在尚未开发完善或仍有上升空间之时进行市场试用，用户的口碑评价对这种手机 SNS 来说就显得更为重要。

相较于传统媒体，手机 SNS 对于年轻受众的评价依赖度更高。一方面，由于其完全基于用户资源进行功能设置的存在特性，使其为了盈利而寻找升级突破口。另一方面，手机 SNS 更注重对于用户信息的收集利用和用户意见的搜集整理，从而进行不断的产品升级和功能改进，以更好地满足用户需求。比如，新型手机 SNS 微信、陌陌直接为受众设置在线客服，用户可以第一时间将改进意见或投诉发送给客服部门，极大地增强了用户体验。一些手机 SNS 软件甚至是在用户的评价和意见口碑中不断成长，从而为用户提供最大化的娱乐，功能和服务更能满足其使用需求。

2. 大学生对于手机 SNS 的娱乐需求沉迷

（1）休闲性与松弛依赖。尼尔·波兹曼在《娱乐至死》中指出，电视时代的思维方式已经开始了碎片化、没有逻辑性、趋向娱乐化——"公众沉醉于现代科技带来的种种娱乐消遣中，对于自强矛盾这种东西早已失去了感知能力"[180]。身处信息社会中的受众，对于快节奏、高效率发展的消费社会的物质流动，产生了极大的精神压力和心理压力，他们需要通过娱乐化的媒介产物来进行休闲和放松，以缓解焦灼和压迫感。因此，手机 SNS 通过好友新鲜事、状态发表、日志撰写、照片发布、视频分享、游戏互动、群组讨论等功能，提供给受众的是随时随地、随心所欲的自我放松和休闲娱乐，即时性、创新性、互动性和随身性是其他媒介产品所不能比拟的。

（2）表演性与归属依赖。由于受到消费社会中人际关系的自我保护意识的增强，以及展示欲望增强的矛盾夹击，受众既需要对其生活状态予以展示，又极其需要对其日常生活及其情感行为进行伪装，这表现为对于生活状态的规避性展示，即仅仅在媒介中暴露自身所认定的可以引发其他群体正面情绪的内容，也包括对于自我情感的伪装性肯定，因而信息社会中的受众对于娱乐整体呈现出表演化的趋势。因此，受众对于自我消费式的娱乐依赖需要追寻一种表演式的归属感。很显然，手机 SNS 的即时性、便捷性、私密性和伪装性更符合这种表演化趋势的人性化和功能化呈现。

比如，在利用基本位置服务（LBS）技术进行社交的新型手机 SNS 软件陌陌的用户使用方面，受众的形象展示水平普遍优于其本人真实相貌，而个人信息和资料展示内容亦呈现出过分粉饰的趋势，而该软件仅仅是提倡用户使用真实头像，这就给予大批受众想象力发挥的空间，甚至还有受众利用软件注册马甲，进行其臆想中的明星或名人身份的体验。通常手机 SNS 的设置不会核实用户个人行为的真实性，除非这种行为已经形成谣言干扰社会秩序，危害社会安全，触犯法律道德，因此手机 SNS 也给予了部分用户对于其向往中的虚拟社交生活的构建。我们通常发现，受众在其 SNS 中所呈现的内容往往是正面的、积极的，甚至可以说是受众希望其社交网络内的成员看到而故意进行的议程设置，因此往往呈现出理想化的线上生活和现实化的线下生活的巨大差距，而表演化的最大呈现形式甚至可以使用户进行完全虚假的自娱自乐，这种情况在名人的 SNS 中最为常见，而手机 SNS 的快速、便捷的传播力和即时更新的效率，更是将这种表演化的趋势发挥到了极致。

三、物质化社会与自由化受众间的情感沉迷

信息社会通过媒介生产出大量信息产品供受众消费，受众身处物质化的消费社会中，极度沉迷这些信息产品，使其精神世界空虚得以填补。而信息社会的信息的高度开放性和自由化设置，也令渴望追寻真我、开放和自由的受众趋之若鹜。而手机 SNS 的大规模流行，更是将受众的这种自由化倾向发挥到了极致。在信息社会中，受众与社会之间的沉迷关系主要体现在情感调和沉迷和情感冲突沉迷两方面。

1. 群体冷漠与个体积极的情感调和

物质的极大丰富，使得高效率的、理性化、机械化的技术思维模式得到最大限度的发扬，而对于人性化、民主化的、自由化的个体情感却比较忽视。技术的提升使得人际传播的沟通与交流不再成为日常主题，以至于出现了人际关系冷漠这一社会问题。

在信息社会，信息也成为重要的生产资料和产品，信息社会中对于信息资源的利用最大化创造出丰富的产品和价值。而受众对于这些信息的消费，使得这种社会精神产品的物质化倾向变得极为明显，信息社会中所创造出的信息产品都被冠以消费品的标签，受众的精神消费亦日益趋向于物质化的倾向。但为了填补精神层面的空虚，即使对其持有批判甚至厌恶的态度，也不得不进行信息产品的消费，这反映出一种消费异化和畸形的积极性。

而手机 SNS 的出现，恰恰是反映了当前冷漠性的信息社会对于积极性的社会大众的一种情感调和沉迷。通过手机 SNS，受众可以随时随地地轻松发布自身信息，了解好友信息，甚至通过 LBS 技术，对自身好友实现时空定位，同时以各种丰富的媒体形式，如通过留言、评论、转发、分享状态、音乐、日志、视频或线上游戏的方式来进行圈内的熟人社交，或者直接通过查看附近的人、摇一摇、漂流瓶等功能实现与陌生人交友的生人社交。受众通过线上的虚

拟社交和互动，从消费化的、快餐式的电影、电视节目中摆脱出来，寻找新鲜感，提升积极性。

信息社会熟人之间的人际冷漠，通过这些手机 SNS 的简单互动功能得以打破，而生人之间的虚拟隔阂距离也因此而不断拉近。社会赖以存在发展的人际交往方式，借助新媒介形式手机 SNS 的方式得以留存，同时新型手机 SNS 陌陌、微信等软件所倡导的，鼓励受众将线上虚拟交往转化为线下实际交往的形式，更为增加实在的人际传播奠定了良好基础。

2. 个体隐匿与群体释放的情绪磨合

信息社会信息的高速流动性、信息渠道来源的多样化、信息公开模式的不健全等因素，使得受众严重缺乏安全感。随着信息社会中受众对其隐私保护意识的不断增强，受众对其自身信息的公开始终持否定和批判的态度，亦比较担心其个人信息的泄露和隐私安全问题。可以说，在信息社会，社会群体特征具有比较强的隐藏性，人们基于自身安全考虑和信息发展的现状考虑，趋向于拒绝透露真实信息，因而在人际交往中往往会存在过分保守、信息不足等问题，从而导致现实社交的失败和人际关系的冷淡。

而多样化的传播渠道、高效率的传播方式，使得个人化的自我表达成了现实。在个人思想和意见越来越受到重视的当今时代，部分受众亦存在强烈的自我展现意识，他们需要一个突破口来进行自由化的、公开的、开放性的自我展示和情感释放。同时，处于物质化的消费社会中的受众，亦急需一片心灵的净土使自己的情绪、意愿和表达得以宣泄。但是苦于泄密或隐私安全问题，他们的情感一直缺乏一个合理的释放出口。

而手机 SNS 的诞生，契合了社会的隐藏性和受众的释放性需求，迎合了受众需要找寻情绪释放窗口的心理，为受众提供一个私密性的自由言论空间，通过自我发布、好友互动、群组互动、游戏互动等形式来进行情感的释放。同时，手机 SNS 为用户提供隐私化设置的自我展示空间，通过隐私设置或匿名服务，既保留个人的合理隐私空间，又不干涉其日常人际交往，并且手机 SNS 使用的即时性使得受众的情绪释放是随时随地的，人性化的设置令用户的情感宣泄有的放矢。

四、网络民主环境和年轻受众间的关系沉迷

1. 现今中国的网络环境

如前所述，当今时代，随着信息资源的广泛传播和信息技术的更新升级，

有些受众在纷繁复杂的信息社会中随波逐流，逐渐进入了一种对于科学和技术的狂热崇拜之中。尼尔·波斯曼认为：技术垄断不仅指"一种文化状态，也是一种心态"，而且是"对技术的神化，也就是说，文化到技术垄断里去谋求自己的权威，到技术里去得到满足，并接受技术的指令"。从某种程度上来说，人们对于技术的崇拜使受众丧失理性，比之于启蒙时代前的宗教信仰有过之而无不及。

因而，在网络媒体这样的新生技术领域的发源地和植根地，所谓的网络狂欢更是借助于新科技在网络媒介载体上的强大助推力，作为一种"进步"的观念深入人心。而由于受众吸收信息资源的渠道更加多样化、收集信息资源的方式更加拓展化、发布信息资源的行为更加自由化，这种网络狂欢其实在尚未成型的网络媒介素养环境中有所扭曲。

而大学生群体，更是将这种多样化、拓展化、自由化的方式与其年轻、冲动、外向的性格特质相结合，在网络等新媒体平台上的部分极端行为，引发了一系列的网络媒介素养危机，这一切更诱发了关于网络狂欢的思考和讨论。笔者认为，现今中国的网络环境，已经演变为部分年轻人的自由线上狂欢和网络素养的全方位塌陷，主要表现在以下几个方面。

（1）自由民主与碎片化的语言载体。从语言载体来看，网络媒体使传统媒体推崇的理性的文字性质的书面沟通严重消解，取而代之的是数字化的资讯组合。因此，这种记录、存储和发布的模式，使得受众对于描述信息的语言变得极为碎片化，而大学生群体频繁使用的微博等新媒体平台，对于语言使用的几乎零门槛设置，以及对于字数内容的限制，更是让破碎的语言文字或个人情绪在公共平台上极度泛滥。个人的立场、观点、看法肆无忌惮地充斥网络舆论空间，让公共领域的讨论彻底变成了纯粹的一家之言。

（2）代议民主与不连续的叙述方式。从叙述方式来看，传统媒体由于版面和内容的限制，对于叙述的逻辑性要求较高，并且有专业的人员从事文字处理工作，使得呈现给受众的内容具有较高的可读性和逻辑性。反观网络生态环境中的语言叙述，无论是在内容的选择性、思维的连续性上，还是在表达的完整性方面上，都无法为高质的网络素养提供平台渠道和方式方法。这就导致公共讨论空间中的信息有相当一部分由于表达缺陷而无法被受众自主分辨，因而为部分别有用心的投机者提供了广阔的内容杜撰和曲解空间。

（3）个人民主与年轻化的受众构成。截至 2016 年 6 月底，我国网民规模达 7.10 亿，全年共计新增网民 2132 万人。网民中年轻群体（29 岁以下）比例达53.4%，学生群体占比达到25.1%。因此，散落在网络信息空间中破碎的、自发的、断续的、低端逻辑的、把关缺失的信息，通常被大部分缺乏最低限度知识能力、辨别能力和判断能力的受众所接收，这些受众就个人年龄、素质、社会层次、社会经验来说，都无法实现同纷繁复杂的网络现象的良好对接，从而导致其网络素养的累积式下陷。

2. 以大学生群体为代表的网络环境中受众的素养

具体说来，以大学生群体为代表的网络环境中，部分受众的素养主要有以下特点：

（1）个人膜拜：从"舆论"到"自我"。哈贝马斯所谓民主社会的公众，是指在公共领域中可以进行理性讨论的公共群体，然而目前中国网络受众，尤其是年轻的大学生网络受众，更多地表现出的受众特征类似于"自我公众"。他们对于网络信息的追寻和关注仅仅依靠个人的喜好和兴趣，对于公共事件的讨论也完全发自于自我看法和自我群体观点。因此，这种极为主观性的公共讨论，往往带来对网络媒介中种种社会现象的误读和误判，并借由其自我定义的民主标签、网络媒介的影响力和人数优势掀起的民主风暴，带来有失偏颇和公允的"少数意见夺权"。

传统媒体的文字优势早已被图片取代，而网络媒体更为图片、音频、视频等各种流媒体提供了广阔的发展平台。正如波兹曼所言，这引发了"个人神性"的危机，因为语言构建意义的过程（或者说理解现实思想的过程），能够促进一个人的智力发展、提高思考能力，以及培养对历史的延续感。但在电子技术蓬勃兴起的时代，技术摧毁了语言和文字所建构的意义。在各种流媒体形式中，图片由于其发布的便捷快速、表达的生动直观，更受年轻群体的格外青睐，图像思维结合各种社交平台和相机应用，让年轻群体将关注自我发展到极致。自拍神器的更新换代、美图软件的批量上架、SNS分享的照片营销，种种同主观性相联系的网络功能设置所带来的自我关注行为，势必带来极度关注自我、满足自我的思考方式，这对于端正客观立场、参与公共讨论来说，势必带来网络媒介素养的巨大灾难。

（2）利己宰制：从"社群"到"小组"。网络媒体带来了"自媒体"观念的不断深入，这使得民主所必需的庞大社群式载体根基大为动摇。网络发声不再是将所有讨论个体全部纳入公共讨论范畴，而是仅仅在较小的社群范围内，具有同样观点、立场、兴趣的人组成的小团体的声音。因而，难以保证如此规模的成员构成所达成的思想观念，对于公共事件具有正确价值方向的指引作用。同时，这种小团体模式也让利己主义和个人主义大行其道。在网络社群中的某些言论背后，出于个人利益的获取或某种利益的代言人的发声情况屡见不鲜，并借由人人自由平等发声的观念实现了滚雪球式的放大。

（3）存在丧失：从"公共"到"速爆"。从网络来看，浩瀚缥缈的数据、纷繁复杂的现象、五花八门的应用，对于部分年轻受众来说，具有强大的吸引力的同时，也使其迷失在虚拟世界的"黑洞"空间中。这种迷失的情绪使得受众在虚拟世界中极易丧失位置感，由于缺乏历史的坐标和层级关系，受众无法定位自身与所处网络媒介环境之间的关系，受众将其存在意义主要投射于爆炸性和快速性的信息，成为爆炸信息的忠实依附者，这也削弱了受众的迷失之感。然而，历史线性链条的缺失和网络浏览时间观念淡薄，使得这种热情迅速产生并迅速消退，转为期待下一个爆点噱头的激增。受众的迷失、反复和猎奇心理，使得网络讨论的议程设置依赖于网络空间中信息的震撼性和流动性，而并非其社会讨论性和意义存在性。

（4）语境偏见：从"过程"到"结果"。在公共的网络空间中，信息的流动过程更像是商品的流通和传递，因而语言的推衍过程被交易所替代，叙事的逻辑过程也被打破。相对于真正公共空间内的民主而言，网络民主似乎更重视民主的结果，而非公共讨论达成共识的过程，因此导致了以抽离语境的方式来呈现的公共事件过程的片面性和偏见性。

3. 与媒介负效应相关联的"失范"行为

综上所述，随着网民年龄日益低龄化，不断普及的网络媒介载体、日益发达的网络互联技术，使得越来越多的大学生群体有了更为便捷和宽阔的信息接触入口和发声渠道，因此，网络空间中的肆虐狂欢似乎也在年轻群体中打下了更为深刻的烙印。虽然网络空间在为自由发声、为个体意识提供平台、为大学生提供信息和知识、扩大人际交往面等方面有积极作用，但不可忽视的是网络同时也给他们带来了一定的负面影响。网络娱乐和消遣分散了大学生们的注意力，可能会影响他们的学业；网络的消费主义取向使大学生消费行为变成一种冲动而缺乏理智的行为；耗费过多的时间去接触网络，导致大学生产生自我封闭、社会适应能力差的现象；网络传播的色情和暴力信息，危害了大学生的身心健康。当下的社会现状是，在媒介素养教育空缺中成长起来的网络一代陆续走进大学校园，在网络社会中的表现出的不道德、在现实生活中的高消费攀比、解决问题时滥用暴力，甚至性关系中不负责任的任性开放等与媒介负效应相关联的"失范"行为随处可见。

（1）言行失调——偏见。对于年轻群体来说，频繁接触网络空间中的信息，使得他们的表达能力、识读能力和叙述能力，都遭到了比较严重的破坏和冲击。我们对于文字和语言的模仿能力原本主要源自于家庭教育和学校教育，然而网络空间中大量充斥的信息，严重遏制了创造性的自主学习能力，使之大量转化为对于信息内容的单纯的复制、粘贴。并且，这些信息中所包含的带有偏见性的立场观点、过分趋利化的意见看法，严重干扰了大学生群体正常吸收知识、了解社会、接触世界的循序渐进步骤，更不用说网络空间中色情暴力信息所带来的世界观、价值观的震撼性冲击和影响。

那些对所谓的民主精神广泛推崇的大学生，在单纯的复制、转发、分享过程中，其实对民主的内涵并未真正了解，而只是机械的完成程式化的复制过程。这一方面使得他们混淆真实的民主同伪造的民主的定义，另一方面也非常容易成为民主意识形态概念架构下的利益斗争的牺牲品。而受到西方资本主义的自由主义观念影响，也让部分大学生群体缺失对民主社会进程推衍的全面认知，片面化的信息收集使其一叶障目，往往是偏见产生的根源。更有甚者，仅仅将推崇所谓的民主，作为向其所定义的理论斗士和公共知识分子的队伍靠拢的极端方式，为其自身定位设置标签和身份标识，这不得不说是其网络素养的悲哀。

（2）情绪失控——沉溺。网络让自主学习成了一种天然模式，也让学校和家长的对其进行后天教育的过程严重受阻。虽然我们在网络空间中汲取了海量的信息，但是这些信息始终集中在知识的范畴，而无法上升为上层的智慧。网络媒介环境最大限度地开启了知识搜索功能，但却无法弥补心灵缺口。面对高速流转的数据和信息，原本在线下无法达成的行为或发布的言论、积攒的情绪，都有了发泄的渠道和出口，大学生很容易就迷失于巨量的数据和信息空间架构中：一方面表现为对于技术、知识格外重视，而忽略了自身精神层面的提升，从而导致矛盾冲突错误暴虐的观念充斥于网络行为之中；另一方面则表现为沉溺于虚幻的世界中，无法分清虚拟世界和现实空间的真实界限而无法自拔。正如波斯曼所言："走投无路的信息是危险的，没有理论指导的信息是危险的，没有妥当模式的信息也是危险的，没有高于其服务功能宗旨的信息，同样是危险的。"[181]

虽然已经拥有了一定的自觉性、独立性和目的性，但大学生们的辨识水平和自控能力仍未完全成熟，有时无法避免受到负面网络信息的影响，主要表现为：不懂得约束自己的媒介接触行为，耗费过多的时间在网络上面，沉迷于网络聊天、游戏，过分依赖图像信息，成为"容器人"，自我封闭，社会沟通和与他人的交往能力能力减弱，思维变得平面化、简单化。

一定程度上来说，网络媒介使用不当，已经对部分大学生的生理和心理健康造成了不同程度的危害。尤其是当前日益宽松、私密、自由的上网环境，使充斥在网上的色情、暴力信息更加难以控制，其负面效应不可低估。所以，通过多方的积极参与和通力合作来提高大学生的网络素养势在必行。

（3）思维失衡——孤独。在《关于山本耀司的一切》这本书中，日本设计大师山本耀司狠狠地批评了当下浮躁、物质的社会——"这是一个丢失了哲学和思想的时代，以前的人们有着思想指引，会为不同哲学家的思想所倾倒，但现在的年轻人失去了指引，自身的学习历程和文化熏陶也不足以支撑他们拥有独立思想，所以盲目跟从，被恶俗文化侵蚀"。

同时，网络空间使年轻人的思考方式更多地表现为电脑的程式化思维，而非人脑思维。这种工具性思维使得原本贫瘠的智慧汲取管道更为狭窄，更多地表现为人工智慧的工具意识形态，这导致了大学生群体在过多的信息来源通道中迷失自我立场和价值判断，而这种自我迷失又再度加剧了企图在网络空间中寻找自我定位的意识，于是故意的反社会倾向所带来的偏激言论和暴虐行为，成了企图引发关注、定位自我的最终载体，原本传统教育时代积累的良好资讯素养被破坏殆尽。

（4）伦理失常——冷漠。这些倾向反映在家庭教育方面，则演变为以泛化的网络民主观念为借口，反抗父母教育和师纲伦常的尴尬局面。科技的发展带来的工具演变打破了家庭关系中父母的权威地位。父母为了自身追赶时代的潮流或构建与子女沟通的通道，通常要向儿女请教网络的使用方法，这带来了家庭关系中父母子女双方的地位逆转。在技术使用方面占据上风的子女，与被其视为落伍的父母之间，失去了原有的教育位置，部分父母因无法保持自己在传统社会中的权威地位而感到自我否定或因无法融入子女的网络媒介环境中而自责，积累的情绪进而演变为父母子女关系冲突的导火索。而子女也因极端个人化的媒体设置带来情感上的自我优越：一方面，他们渴望破除传统家庭观念，反抗父母意志，建立自我精神世界；另一方面，出于经济压力和情感需要，他们又必须同父母正面沟通。这种情感的矛盾表现为在现实世界中同父母之间破碎、冷漠的亲情关系，以及在网络空间中同陌生人关系的迅速建立。

第二节　大学生网络沉迷原因分析

本书第四章经过探索性因子分析，将提取的五个主因子分别命名为安全道德素养、信息技术素养、互动创新素养、发布研究素养和自律批判素养，涵盖了大学生网络素养的五个维度。而网络素养的失衡，具体就是指涵盖网络素养五个维度的安全道德素养、信息技术素养、互动创新素养、发布研究素养和自律批判素养的缺失或不足。

本书第五章运用相关分析和回归分析方法，实证分析了大学生网络素养五个因子对网络沉迷的影响作用，包括影响的方向和强度，探索了大学生网络素养对网络沉迷的影响模型。

从每个变量预测力层面来看，对网络沉迷最具预测力的是自律批判素养自变量，实证研究发现自律批判素养对网络沉迷具有显著负向影响作用，自律批判素养不足的大学生越容易沉迷于网络，大学生在自律批判素养得分越高，网络沉迷的得分就越低，沉迷于网络的情况就越少。

通过回归分析，第五章还实证分析了大学生网络素养五个因子对网络沉迷四个因子的影响作用，包括影响的方向和强度。结果发现，网络素养中的安全道德素养和信息技术素养通过负向影响网络沉迷中的人际问题，说明网络道德素养缺失和信息技术素养较低的大学生越容易沉迷于网络，个体在网络道德素养和信息技术素养两个方面得分越高，人际问题的得分就越低，由于过度、不当使用网络中带来的人际关系混乱、社交影响、学习成绩下降等情况就越少。

大学生网络素养对网络沉迷的影响模型，为我们找寻大学生网络沉迷的原因提供了可靠性和可信性的实证依据。大学生网络素养五个因子与网络沉迷四个因子的标准化回归系数 β 取值告诉我们，哪些因变量对于影响大学生网络沉迷的预测力最佳，哪些相对预测力稍差，哪些是可以排除的影响因素，这为我们找到有效的教育途径提供了实证依据和选择。大学生网络素养各因子对网络沉迷各因子影响的正负向符号，向我们揭示了它们之间的正负向影响关系，为我们遵循事物之间的内在联系和本质规律指明了方向，模型的结论也得到了一些社会学家和传播学者研究成果的相互印证。

虽然网络沉迷的影响因素较为复杂，但从本质上来讲都是内因和外因共同作用造成的。除了探寻大学生网络素养影响网络沉迷外，笔者通过增加人口统计学、网络使用和影响认知、生活满意度等自变量层级，加上网络素养五个因子，采用阶层回归分析方法，建立和拓展了大学生网络沉迷多因素影响综合模型。研究发现，大学生个人因素，尤其是心理因素（抗挫能力、人格等）也与形成网络沉迷有关。

因此，综合实证调查分析结果及国内外专家研究成果，笔者将大学生网络沉迷的原因主要分为网络自律批判素养不足、安全道德素养缺失、网络信息技术素养较低和心理素养发展不成熟四点，并分别进行具体阐述。

一、网络自律批判素养不足

网络自律意识，指的是网络行为主体基于人类对网络社会整体利益的需要和认识，自愿地认同网络社会规范，并能结合自身实际自觉践行的思想或观念[182]。德国近代哲学家康德曾说："两样东西，我对它们越是坚持不断地思考，越是有更新更大的讶异和敬畏充满了我的心灵，这就是在我头上星斗森罗的天空和我心中的道德规律。"[183]

"自律"是相对于"他律"而言的。大学生在网络社会中的任何行为都会受到一系列规章制度、同学、朋友、老师、家长等外在因素的制约，大学生在网络社会中做或不做某件事情，往往会受到现实社会中他人的支配和驱使。自律则不一样，大学生在网络社会中能否实现有效自律，主要取决于内因。王中军认为，自律就是自我约束、自我立法、自我管理、自我教育等，是人类为本身的目的而采取的行为活动，不受外在条件和因素的影响和制约[184]。马克思曾说："道德的基础是人类精神的自律"，该观点深刻地指出了自律在道德范畴的内涵，即变被动为主动，核心是积极主动地进行自我管理和控制，而不是被动地接受外在环境的约束。在实践层面，尽管有些时候二者在结果上或许一致，但从内涵上说，却千差万别。

随着移动通信工具的飞速发展，4G网络基础设施建设日益完善，当代大学生无时无刻不置身于网络社会中。面对纷纷扰扰的信息浪潮，越来越多的大学生陷入了某种程度的迷失，缺乏本应与其教育水平相对应的批判意识和批判素养。

网络批判素养，指的是网民对网络信息的认知、辨识、判断能力。就前者而言，"媒介批判意识是指受众在享受媒介服务时对媒介的不良内容采取反抗、抵制的意识和能力。现代受众显然不再是大众传媒'魔弹'的'靶子'。他们正在逐渐成为媒体信息积极的解析者或'媒介的微观守门人'"[185]。曹进也认为，在网络社会中，网民应该学会客观质疑、加强多元思维、提高认知能力并自主加强媒介信息解码与编码能力[186]。从网络批判素养的行为、效果层面来说,网络批判素养的缺失体现在为了表达而表达、放纵批判言行、滥用批判权利等方面上。在网络传播中,许多大学生为了吸引别人的眼球而放纵自我,随意发表自己的观点,无限制"灌水",抛却社会责任,助长网络不正之风,这些都是媒介批判素养低下的表现。

前文调查也显示,从每个变量预测力层面来看,对网络沉迷总体指数最具预测力的是自律批判素养自变量,自律批判素养对网络沉迷总体指数具有显著负向影响作用,表明大学生在自律批判素养得分越高,网络沉迷总体指数的得分就越低,沉迷于网络的情况就越少。

通过对前文大学生网络素养基本状况的调查分析发现,大学生的自律批判素养($M=2.90$)均值不高,时时刻刻都离不开网络的大学生,之所以会出现问卷调查中所显示的自律批判素养较低现象,与网络社会的特殊性紧密相关。首先,网络社会是多元的。爆炸式增长的海量信息一方面为大学生了解社会、认知世界提供了路径;但另一方面,网络内容的多元化、鱼龙混杂的情况,也使刚刚走入社会、缺乏人生经验的大学生有时不能做出科学的判断和选择,进而陷入自律意识淡薄、批判素养缺失,最终网络沉迷的状况。其次,网络社会是自由开放的。网络使大学生获取信息更加主动,发表观点更加自由。不受约束的大学生在网络社会中更容易随心所欲地发表见解、不计后果地获取信息,进而体现为网络自律批判素养较低。最后,网络社会是虚拟的,并具有一定的隐蔽性。面对丰富多元的网络社会,在现实中受到挫折的大学生更容易向虚拟社会吐露心声,以此获取安慰感和满足感,并逃避现实。加上网络社会的隐蔽性,大学生在网络社会中的行为活动很难被现实社会的人们所知晓,这进而增强了大学生进一步向网络社会寻求安慰的欲望,网络自律意识和批判意识降低,进而增加了网络沉迷的可能。

在校大学生直接接触最多的无非是两个方面,即虚拟网络和实体学校。因此,大学生网络自律批判素养较低的影响因素还应包括学校教育方面。大学生网络成瘾离不开周围环境的影响。消极的网络环境和社会环境都将导致大学生缺乏网络自律意识和批判意识,片面地屈从于网络,进而走向网络沉迷。

从现阶段高校网络素养教育现状来看,存在时间短、力度小、渠道少的情况。首先,从教育时间和教育力度来看,很多高校开展网络教育往往只针对低年级学生,且课程集中在新生入学阶段,教育内容单一、时代性不强,且缺乏长期性、广泛性的自律意识和批判意识教育,进而容易使大学生丧失警惕,在网络社会中为所欲为，导致网络沉迷。其次，从网络素养教育渠道来看，学校教育往往以短期课程、会议、谈话、媒介宣传等形式呈现，在当代社会环境下，网络渗透到生活的各个方面，媒介的多样化和媒介内容的丰富性使得被动的灌输教育越来越不能被学生所接受。因而，网络自律批判素养教育收效甚微，学生由于缺乏自律批判素养，陷入网络沉迷而无法自拔。

二、网络安全道德素养的缺失

网络安全道德素养，即具有在网上保护自身安全、处理不良信息和遵守网络道德文明上网的能力素养。前文调查显示，安全道德素养对网络沉迷总体指数具有显著负向影响作用，表明大学生在安全道德素养得分越高，网络沉迷总体指数的得分就越低，沉迷于网络的情况就越少，反之，大学生在安全道德素养得分越低，网络沉迷总体指数的得分就越高，沉迷于网络的情况就更容易发生。

从外部原因来看，大学生安全道德素养的形成，主要受网络环境和社会环境两大方面的影响。

1. 网络环境的影响

网络沉迷的形成原因，与网络环境本身的特征密切相关。网络相对于其他媒介有其固有的优势，自主性、兼容性、开放性和隐蔽性等一系列环境特性，共同构成了富于想象的、多样的、虚拟的网络环境。在网络环境中个体所受到的各类约束减小或失效，个体在虚拟社会的角色有着更为自主的可塑性，这成为网络相对于其他媒介形式更吸引大学生关注的原因。

从网络形式上看，网络拥有出色的流媒体特征，不受时间、空间的限制，通过各个平台和软件可实现出色的实时交互性能。从网络内容上看，当前网络内容以信息为主，其中娱乐信息占据了网络的大部分内容，从网络游戏到资讯八卦、网络社交，网络的娱乐化倾向严重；另外，以商业利益为主导的网络广告和媒介宣传也随着网络流量的提升而大幅度增加，一些受利益引导的不良商业广告不断侵蚀着健康、纯净的网络信息阅览环境；而相对娱乐信息来说，在线教育占大学生网络总体使用的比例较少，专业的学生群体网站也十分少见。网络教育资源的缺失，使大学生在使用网络时较少地接触正确导向的网络内容。

一个良好的网络环境能够帮助和引导大学生在网络使用时保持正确的方向；反之，在当前信息泛滥、商业广告繁杂、不同社会价值观和思想观念喷涌的网络环境中，大学生也及易受网络环境的影响，陷入网页层出不穷的超链接中不可自拔。

2. 社会环境与社会支持无法提供对大学生网络素养发展的良好保障

互联网使得不同地域人群间的交往日益密切。同时，随着国际间经济文化不断交互融合，很多未经把关的信息源呈现在大众面前。例如，一些国家传入的崇尚暴力的人际交流、展现色情的故事发展情节，都对大学生的心理活动产生影响。在现实生活中，个体无法表达对这种文化的接受，不同类型的、包含这些文化元素的网络游戏等，就成为个体宣泄和展示想象中该种文化价值观投射的渠道。

目前，我国正处于社会大转型的历史时期，海量信息通过种种媒介形式涌现，信息技术的迭代也不断加快。当代大学生所处的这种快节奏的时代氛围，是一种与以往大不相同的社会环境[187]。通过各类媒介，大学生接触到了世界各地多元的文化形式，校园文化与社会文化的界限也越来越模糊。

在纷繁复杂的社会环境中，大学生日常生活中接触的重要内容是以家庭、朋友为主要社会关系的社会支持[188]。Woochun 研究了家庭成员对网络沉迷的影响，认为是否是单亲家庭对于学生是否形成网络沉迷没有显著的影响，二者的相关性较低[189]。也就是说，社会支持中的家庭支持与家庭组成类型相关性不大，但与家庭成员间的相互关系和思想认识契合度显著相关。张惠敏等则研究了家庭因素对住院网瘾青年治疗的影响，研究发现：父母的教育方式和家庭环境对学生的网瘾戒除产生影响，家庭环境不良与父母教养方式不恰当，可能是导致网瘾青少年在遇到困难和挫折时形成沉溺网络虚拟世界等消极应对方式的重要原因[190]。杨松雷认为，文化传承的断裂和传统权威的瓦解两方面是社会性因素的主要表现[191]：文化传承的断裂主要表现在两代人的价值观差异上；传统权威的瓦解主要体现在随着知识和网络社会的不断进步，大学生的思想更加自由和开放，不希望收到父母的管制。长期接受网络传播的熏染，会对个体的人格特征和文化心态产生影响，进而促进个性的张扬和主体意识的确立[192]。这种理念上的冲突，使大学生与父母拥有的共同话题更少、缺失来自家庭的重要社会支持、更容易沉浸在网络的虚拟世界中。

三、网络信息技术素养较低

网络信息技术素养，即具有了解和使用网络工具、软件技术，以及有效查询、评估与使用信息资源的能力的素养。20 世纪 90 年代，信息素养理论被引入我国，并迅速成为指导信息技术相关课程的重要理论。大学生具体的信息技术素养被细分为六个方面：①情感态度，也就是指大学生对信息技术有持续的求知欲，并能够主动积极地学习和运用技术、参与相关活动，辩证地看待信息技术对日常生活和学习、经济社会发展及对科技进步的影响，拥有较好的信息观念；②知识技能，指的是大学生了解与信息技术相关的基本知识及大致发展趋势，并能基本熟练地应用各种初级信息技术工具；③信息管理，指大学生能充分、有效地利用信息技术工具，获取及加工各类信息的能力；④独立自主能力，即大学生结合自身知识储备，独立地运用相关技术手段搜索信息、解决实际问题的能力；⑤团队合作能力，指大学生可以结合自身需要，运用相关信息技术建立一个团队，并在团队中进行良好交流与协作的能力；⑥道德修养与法律法规，即大学生能够自觉遵守与信息技术相关的法律法规与道德规范，并善于运用信息技术对信息的好、坏、优、劣进行区分，自觉开展健康的信息活动，在学习和生活中不断培养良好的信息道德品质[193]。

在网络信息技术的培养方面，大多数的学校教育效果并不理想，不能充分地引导学生掌握较高的数字信息处理技术能力，对学生的网络技术使用也没有给予充分的引导。本书相关分析结果也证实了网络信息技术素养与网络沉迷中的人际问题呈显著负相关关系；另外，学生的互动创新能力则与网络沉迷中的人际关系和冲动控制障碍呈显著正相关关系。此处的网络互动创新素养，指具有使用网络与他人进行良好沟通，以及善于利用网络媒介发展自己、拓宽视野，进行创新性网络使用的能力素养。互动创新能力一般是由学生的求知欲和探索精神转化而来的，过分的好奇心加之不恰当的求知手段，也很容易使大学生陷入网络沉迷[194]。通过上述相关分析结果，我们可以发现，对于学生网络信息技术的影响，应当分以下两个层面考虑。

一方面，学者研究表明，由于网络信息技术掌握层次的不同，人群在使用网络的目的上也有所不同；关注的网络信息不同，网络沉迷的程度也不同。信息技术素养是当代信息素养的重要组成部分，信息技术素养主要包括收集、识别、选择、存储、转换、应用和创造信息的能力，以及运用这些能力主动解决问题的习惯。总的来说，信息技能素养可以分为三个层次：首先是信息的收集、识别、选择和存储能力；其次是进行人机间信息交流的技能，包括信息转换、信息传达和应用能力等；最后是指人机间进行信息交换的技术能力。从目前我国的学校教育来看，在大学之前信息技术能力培养是较为缺乏的，且信息技术能力培养所需要的人力、物力资源都与各地经济发展水平相关，偏远地区的学生获取信息技术能力的难度很大；到了大学阶段，由于前期的积累，不同个体的信息技术能力差别较大，大学校园便捷的网络环境容易使中等偏低信息技术素养的学生群体形成网络沉迷。

另一方面，受好奇心和探索精神驱使，大学生能够通过网络获得大量的信息和较宽泛的知识，这是以往依靠书籍、报纸获得的信息和知识所不能比拟的。虽然知识面宽，但如果不加以训练和梳理，知识系统依然是零散和不系统的，且学生的实际动手能力也不能得到提高，甚至会退化。就信息处理来说，人类大脑的信息承载量和处理能力是有限的，面对网络庞大的信息潮，很多学生都患上了"信息焦虑"等精神疾病。也就是说，如果不能有较好的自我约束能力，即使掌握了较好的网络信息技术且使用网络的目的是积极向上的，也容易被庞大的网络信息流淹没，形成网络沉迷。

总的来说，网络信息技术素养的高低影响着当代大学生的网络使用，如果不能正确地认识网络信息技术，思辨地看到网络信息技术所产生的影响，在网络信息技术使用的同时注重人际交流与团队协作，大学生很容易在频繁的网络接触行为中偏离正常方向，走向网络沉迷。

四、心理素养发展不成熟

不成熟的心理发展很容易导致大学生在生活和学习中走向错误的道路；总的来说，大学生沉迷网络的心理原因主要表现在三个方面：抗挫折能力差、人格发展不完善、人际关系处理不当。

1. 抗挫折能力较差

通过调查发现，网络成瘾的一部分原因在于大学生没有在相应的发展阶段树立和巩固坚实的信仰，缺乏为了某个目标而奋斗的信念，因此在面对苦难时通常不去积极面对而选择逃避。在大学阶段，较多学生会发现大学中的知识并不像想象中的那么容易学。在面对种种大学学习生活中的不适时，个体更容易选择逃避与从众。

（1）逃避。抗挫折能力差的大学生，在面对生活和学习中自己难以承受或具有挑战性、有压力的事件时，容易选择逃避的行为。根据胡岚对浙江三所高等院校大学生的抽样调查分析发现，经历的负面生活事件数量与大学生网络沉迷程度呈显著正相关关系，即经历的负面生活事件越多，网络沉迷程度越深。由此可知，大学生在面对生活中负面事件的逃避行为，是致使网络沉迷的重要原因之一[195]。

（2）从众。差异交往的理论认为，"青少年的越轨行为，与其他行为相似，都是在与他人交往过程中发生的。由于社会活动群体性的特点，个体容易形成小群体、容易受到所处群体的影响；这种群体影响力甚至比社会规范的影响力还大"[196]。大学生活是自由的、自主的，除必要的课程外，学生的生活和学习大多由自己进行安排。在这种环境下，如果没有准确的个人目标做激励，个体很容易被其他人影响从而失去判断能力及自我的意识，出现人云亦云的表现。同大众传播学中"沉默的螺旋"概念类似，个体对群体的趋从行为会不断被放大。在这种情况下，越来越多的学生沉迷于网络，加之没有良好的自控能力和自律意识，很容易形成集体性的网络沉迷[197]。

2. 人格发展不完善

心理学观点认为，人格是个人气质、性格、能力等方面特征的总和。Yang等的研究说明，具有低自尊、害羞、依赖、孤独、抑郁等人格特质的群体容易形成网络沉迷[98]。以人的每一个发展阶段为基础，个体人格不断发展完善。然而在真实的个体成长过程中，很多因素都会对人格发展产生影响，使得个体人格发展不完善。不完善的人格发展，会对个体与社会成员的正常交流、接触产生不良的影响。为了摆脱现实生活中自身问题所带来的种种不适，大学生更倾向于寻找一个全新的、可控的领域进行自我欺骗，从而实现自我满足。网络的隐秘性和良好的控制感为大学生带来了更多的满足。这种通过网络空间重建自我人格、虚拟社会角色的方式，能够填补大学生由于现实生活中人格发展不完善所带来的种种困扰。久而久之，大学生越来越脱离现实生活而沉迷网络。

从人格发展上来讲，大学生形成网络沉迷主要有以下四方面的原因。

（1）没有树立正确的网络观。当代大学生是伴随着网络的发展而成长起来的，网络就是个体生活的一部分，他们并不会确切地考虑如何使用网络技术。年少时还没有发展完善的人格，也使得个体在网络使用时缺乏指导性的网络观。因此，大多数学生在网络媒介使用时并不考虑网络本身的媒介特性，只是单纯地将自己沉浸在繁杂的网络内容中。这种没有任何观念指导下的网络使用很容易使大学生在广阔的网络空间中迷失方向，失去自我，诱发网络沉迷。

（2）缺乏自律批判和自控能力[198]。网络自律批判素养，是指网络使用者具有自我控制管理能力，对网络信息批判性反应的能力素养。本书第五章相关分析结果也显示，大学生的网络自律批判素养与网络沉迷中的冲动控制障碍、身心健康损害呈显著负相关关系。

从心理学理论出发，观察大学生网络沉迷的过程，我们可以看到大学生的网络沉迷主要源于个体意志的缺乏。缺乏意志的个体难以控制自己的行为，也无法依据相应的目标进行自律和自控。

批判意识是随着个体的不断成长而发展的思辨意识。批判意识可以帮助个体更加全面、客观、审慎地看待事物和事件。大学生思维的批判意识会随着年龄的增长不断增强，但对批判意识的运用能力却因人而异，不同的个体在实际环境中批判意识运用存在一定的差异。大多数陷于网络沉迷的大学生在实践中没有发挥批判意识，不能思辨地看待网络使用。

（3）寻求发泄与满足。部分学生使用网络的目的在于寻求发泄。由于在现实生活中遇到挫折或存在心理扭曲情况，学生在现实生活中无法释放压力，因而在虚拟世界中通过各种博客、论坛进行情感的宣泄。从"使用与满足"理论的角度来讲，相对于其他媒介形式，网络形式的自由和开放、网络内容的丰富和网络的参与式互动，都极大地满足了大学生的需求。这种娱乐、社交、信息需求和成就感的满足，也更加强化了大学生个体对网络的依赖，从而不断发展成网络沉迷。例如，北京大学钱铭怡教授等就发现，社会赞许需求较高的人容易形成网络沉迷[199]。借鉴个体社会化的社会学理论，个体在发展中需要不断地适应相应的社会文化和参与社会活动。大学生网络沉迷，可以说就是在个体的社会化过程中，由于在现实生活中遇到或多或少的障碍，转而在网络的虚拟社会中寻求建构虚拟的社会角色及相关的社会互动。一旦大学生适应和习惯了虚拟社会中的社会角色，网络沉迷便不断加深。

（4）孤独感。现代社会生活节奏不断加快，普通家庭的生活成本随着经济的发展也不断加大，家庭成员不得不将大量的精力投入到工作之中，以期换取较为优厚的生活资本，但这也促使了家庭成员间的疏离，尤其是缩短了父母与子女的相处时间。当代大多数大学生属于独生子女群体，从小就很少与其他同龄群体发生较为持久和良好的伙伴关系，加之没有父母的陪伴，独生子女在心理上会或多或少地产生孤独感。这种孤独感极易造成大学生心理发展不平衡，出现强烈的自我意识、渴求与人交流和获得社会认可。在这种情况下，网络成为他们接触外界环境、获得尊重与认同、打破孤独感的重要手段，从而形成对网络的迷恋。牟苏通过对四川五所大学各年级本科生的抽样调查和相关实证研究发现，大学生群体中的男性相对于女性、文科专业相对于理科专业较易形成孤独感。对网络成瘾与孤独感进行相关分析表明，二者呈显著正相关关系[200]，证实了孤独感是大学生形成网络沉迷的因素之一。

3. 人际关系处理不当

与家庭成员的不和谐关系容易造成子女的逆反。研究发现，人际（家庭、朋友）关系失调是大学生形成网络沉迷的一个重要原因。胡岚在针对大学生网络成瘾的相关因素研究中显示，负面的生活事件容易引发大学生网络成瘾。其中负面的生活事件中主要包括健康适应和人际关系等。在上述研究中，人际问题被作为网络沉迷的表现行为来论证，通过后续的调查研究并参考其他文献资料我们发现，人际关系问题不仅是网络沉迷的表现，也是加重大学生网络沉迷的因素之一。

　　大多数学生在初高中时被赋予的主要任务是学习，学生间的交往较为简单，个体的交流渠道仅限于听取老师的讲解和意见，以及与同学间探讨相关的话题，学生的人际交往面十分狭窄，学生对人际交往的技巧也并不了解。在解除了繁重的课业压力后，大学生活中学生的人际交往增多，但人际交往往往由于经验缺乏面临这样那样的危机。这种危机不仅出现在学生的校园生活中，也极有可能因为长时间与父母缺乏联系造成家庭人际关系危机。在这种情况下，网络成为很多大学生舒缓情绪、逃避现实的方式。在虚拟的网络社交中，个体的表现得到隐匿，广阔的网络空间成为个体摆脱人际关系的重要途径。

第七章　网络素养教育视角下大学生网络沉迷预防机制路径分析

　　网络素养教育的产生与发展，是通过新媒体时代对传统媒介监管制度和理念的质疑与超越缘起的。传统媒介监管制度和理念的主要特征是倚重"媒介审查"制度（press censorship），就是采取审查（censoring）、过滤（filtering）、屏蔽（banning）等强制性措施，来净化网络内容，打击不合法的网络行为，从而达到保护网络使用者的目的。但是，网络传播的海量性、匿名性、交互性，以及网络传播技术的快速更新，使得此类网络监管措施的有效性大大降低。于是，促进公众"媒介素养"，超越传统"媒介审查"制度和理念，便成为近年来"媒介监管的新方向"。而网络素养教育，不仅是一种更有效的网络监管新举措，还被普遍认为是对青少年进行网络保护的长远之计。

　　本书第五章建立了大学生网络素养影响网络沉迷的 50 条假设及理论模型，运用相关分析和回归分析方法进行了实证研究，研究发现大学生网络素养对网络沉迷有着或正向或负向和程度不一的影响。回归模型中自律批判素养、发布研究素养和安全道德素养三个预测变量对网络沉迷总体指数的影响均为负向，强度从大到小依次为自律批判素养（-0.238）、发布研究素养（-0.144）和安全道德素养（-0.096）。但是互动创新素养与上述三个因子正好相反，根据回归模型计算出的标准化回归系数 β 值为 0.117，表明互动创新素养对网络沉迷总体指数有正向影响，互动创新素养越高，大学生越容易沉迷于网络无法自拔。

　　这个研究结论也与其他学者的实证研究不谋而合。香港中文大学梁永炽在对香港 718 名青少年网络素养影响网络沉迷的实证研究中也同样发现，网络素养中的技术素养（emergent technology literacy）和出版素养（publishing literacy）提高了青少年网络沉迷的可能性 [123]。

　　前文的实证研究，为通过网络素养教育预测、干预和调节大学生网络沉迷现象提供了可资参考的实证依据，但大学生网络素养对网络沉迷影响作用机制的复杂表现，也说明这是一个系统工程，需要多方协同联动共同完成。

　　那么，在对大学生进行网络素养教育时，应该从哪几个路径开始着手呢？

在路径规划上，本书借鉴了美国政治学家拉斯韦尔提出的"传播 5W"模式和前文介绍的桑德拉·鲍尔－洛基奇和梅尔文·德弗勒的媒介系统依赖理论。"传播 5W"模式具体来说就是 who（谁）、says what（说什么）、in which channel（通过什么渠道）、to who（对谁）、with what effects（取得什么效果）。媒介系统依赖理论就是从媒介生态环境维度出发，立足于受众－媒介－社会三角结构关系，构建网络素养教育路径（图 7-1）。

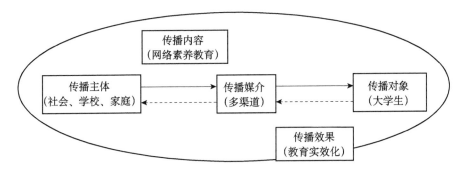

图 7-1　大学生网络素养教育路径

网络素养教育的传播主体主要是由围绕在大学生身边的社会、学校和家庭担纲的。这些传播者利用人际传播、组织传播、大众传播等多种传播媒介，将网络素养教育的传播内容传递给传播对象——大学生，大学生通过接受社会、学校、家庭亲朋和自我教育的方式，内化升华成自己的网络素养，完成网络素养教育传播效果的实效化。

根据第五章实证研究建立的大学生网络沉迷多因素影响综合模型，笔者发现，大学生网络沉迷问题已经不是一个简单的学校问题、家庭问题，任何单一角度的研究视角都不足以预防大学生网络沉迷的发生。大学生网络沉迷的发生，是社会环境、学校教育和家庭支持这些外因，以及性别、性格、学习成绩等个体差异这些内因，共同作用的结果。预防网络沉迷问题需要社会各个层面的联动协调、学校加强网络素养教育、家庭亲朋的社会支持及自我约束，共同为网络素养教育视角下的大学生网络沉迷预防保驾护航。

针对大学生网络沉迷的多影响因素，笔者从社会教育路径、学校教育路径、家庭亲朋教育路径和自我教育路径四个维度，吸收发达国家和地区（欧洲、美国、日本、韩国、新加坡及中国台湾和香港地区）网络素养教育经验，构建网络素养教育视角下的大学生网络沉迷预防机制，具体预防机制路径如图 7-2 所示。

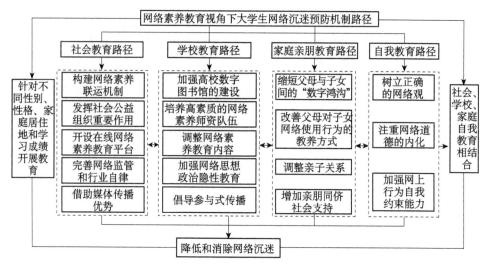

图 7-2　网络素养教育视角下大学生网络沉迷预防机制路径

第一节　社会教育路径

社会环境的引导作用，如同硬币的正反两面，网络对大学生产生积极作用，也有着不可忽视的负面影响，但我们不可能把大学生隔离在与网络、社会没有接触的真空中。不可否认，网络混乱环境的形成与网络行为规范的缺失不无关系。既然是社会的组成部分，那就应有相应的社会行为规范对其进行约束，这种约束可以是法律，也可以是对道德取向的正确引导。应当根据网络环境的具体情况形成专门的规范，更应当以现实生活中的规则为根本依据，不能将二者隔离开来。2001 年 11 月，共青团中央、教育部、文化部、国务院新闻办公室、全国青少年联合会、全国学生联合会、全国少工委、中国青少年网络协会等八部门联合发布《全国青少年网络文明公约》。该公约的发布，从国家层面赋予了加强网络媒介素养教育活动更加重要的意义。

一、构建网络素养教育联动机制

从中国的社会现状来看，青少年沉溺于网络、缺乏学习动力和人生规划，已经成了令家长痛心、学校焦心、社会忧心的严重问题。如何预防这一社会问题，加强网络素养教育无疑是最具正本清源效果的方法之一。通过网络素养教育，可以提高青少年对网络信息的辨别能力，并养成合理使用网络的自控习惯，进而达到预防青少年网络沉迷之目的，使青少年能够文明上网、健康上网和安全上网。

在网络素养教育方面，欧美等发达国家虽存在一些差别，但更多地呈现出一种趋同的态势。其中最鲜明的趋势是：各国均将网络素养教育作为政府媒体监管机构的新职责，并且逐渐架构起一个以网络素养教育为着力点、政府各职能部门相互联动、社会各方人士热心参与的青少年网络素养教育联动机制。

我们先来概述一下走在世界网络素养教育最前沿的英国、澳大利亚、新加坡政府的新举措。

从 2003 年开始，英国媒体监管机构——通讯管理局（Ofcom）依据《2003年通讯法》（*Communications Act 2003*），增加了促进和推广公众媒介素养职责。由此，英国成为世界上第一个使用立法手段来要求媒体监管机构推行媒介素养教育的国家。英国通讯管理局官方网站上开辟了专门的媒介素养栏目。

澳大利亚通讯及媒体局也扩充了媒介素养教育作为自己新的职责。虽然在推广网络素养教育方面比英国起步晚，但在资金投入方面澳大利亚的力度相当大。根据澳大利亚通讯及媒体局在线网络素养教育平台"网络机智"上的资料公示，澳大利亚政府 2008 年开始启动一个提升网络素养的综合项目。该项目持续 4 年，主要目的是帮助青少年远离不恰当的网络信息和各种网络危险，政府投入高达 1.258 亿澳元（约为 6.4 亿元人民币，2017 年 6 月 1 日）。

新加坡推行的是一种"三合一"的网络监管政策，包括法规制约、行业自律和网络素养教育兼备的政策。但新加坡政府坚持网络监管的长远之计在于网络素养教育，而非法规制约和行业自律。新加坡新闻通讯及艺术部（Ministry of Information, Communications and the Arts）下属的媒体发展管理局（Media Development Authority）于 2007 年新设立了一个咨询机构——网络和媒体咨询委员会（The Internet and Media Advisory Committee）。它主要负责媒介素养教育的政策咨询、活动组织和项目推广等。2009 年，新加坡成立网络素养联合指导委员会（The Inter-Ministry Cyber Wellness Steering Committee），主要负责推广网络素养教育。

网络素养教育的产生和发展，一般会经历三个阶段："民间呼吁""政府回应"和"机制运行"。在我国，网络素养教育较为滞后，长时间以来一直处于"民间呼吁"的初起阶段。我国对媒介素养教育的早期呼吁可以追溯到学术界的研究及学者的发声上，卜卫于 1997 年发表的《论媒介教育的意义、内容和方法》一文；2006 年国家九部委联合开展"戒除网瘾大行动""十百千万工程"等专题活动，活动热闹一时，然后就偃旗息鼓了；2007 年全国两会上，多位政协委员联合提交了《关于设立青少年网络心理导师新职业的提案》，为解决青少年网瘾问题献计献策；2010年两会上，15位全国政协委员联名提交了一个关于加强未成年人网络素养教育的提案，呼吁把网络素养教育纳入义务教育课程中去，但该提案在当时并未得到足够的重视。

直到2013年2月，由文化部牵头，联合教育部、卫生部、中央文明办、共青团中央等15个部委联合出台了《未成年人网络游戏成瘾综合防治工程工作方案》，我国网络素养教育才终于正式跨入"政府回应"的第二阶段。

网瘾综合防治工作如何开展？十五部委联合下发的《未成年人网络游戏综合防治工程工作方案》提出了近期、中期和远期三个周期目标：近期目标的核心是建立未成年人网络游戏成瘾综合防治工作机制，出台本土化的网瘾预测和诊断测评系统；中期目标的核心是展开未成年人网瘾情况重点调查，开展网瘾防治的基础型和应用型研究；远期目标的核心是遏制我国未成年人网瘾趋势，形成以政府部门为主导、全社会共同参与的未成年人网瘾综合防治的联动格局。

围绕上述三个目标，《未成年人网络游戏综合防治工程工作方案》列出了网瘾防治工作的重点。

（一）研制出本土化的网瘾诊断测评系统。开创性地开展网瘾预测工具的研制工作，在未成年人出现网瘾症状前就进行有效的事前干预，减少网瘾的危害。

（二）完善网瘾综合防治制度规范。重点围绕网吧、网络游戏和网瘾干预机构的管理，深化完善、细化相关的制度规范，建立健全网瘾综合防治的法律体系。

（三）构建网瘾综合防治联动机制。充分调动社会各方力量，从预防、干预、控制三方面入手，构建企业与家长、家长与学校、未成年人与社区、学校与学术机构之间的联动机制。

（四）改进网瘾综合防治舆论工作。改变目前媒体多以网瘾的危害和个别严重案例为主的信息传播惯性，加强科学全面的新闻宣传和舆论引导，引导青少年关注和使用网络的正向功能[106]。

但该方案并没有从网络素养教育的视角来看待青少年网瘾防治工作，青少年除了网络成瘾之外，还面临着方方面面的网络潜在危险。而从实际效果上来看，前期预防优于后期治疗，事前教育胜过后期控制，通过网络素养教育提升青少年对网络信息的分辨能力和理性使用网络的自控能力，是青少年网瘾防治工作的明智选择。

该方案也没有涉及一些力度较大的网络素养教育举措，如将网络素养教育纳入义务和高等教育体系，将网络素养教育划入媒体监管机构的新职责，或者设立一个常规化的网络素养教育联合指导委员会和专项基金等。我国网络素养教育进入第三阶段"机制运行"的良性轨道可以说任重而道远。

在笔者看来，设立一个跨部委的网络素养联合指导委员会，是青少年网瘾防治工作的重中之重。

因为，青少年网瘾防治是个多侧面、多维度的综合工程，包括了预防、教育、咨询、干预和治疗等多个环节。网瘾防治不仅涉及了教育部、新闻出版广电总局、中央文明办、文化部、卫生部、工商总局、公安部、中央综治办、共青团中央、国家互联网信息办公室等多部委，更涉及包括中小学生、学生父母、学校教师、心理咨询师、心理或精神医生等在内的众多人员。因此，需要设立这样一个机构来承担网络素养教育和网瘾防治工作的宏观管理职责，并起到协调各部委相关工作和活动、明确各部委分工和职责的作用。

而跨部委的网络素养联合指导委员会，应该在合理把握"政府主导"的度的情况下，承担起推进网络素养教育的职责，设立网络素养教育协调专员，制定具体的工作流程、任务和职责，推动网络素养教育，告别以往各自为政式的、临时性的、零散的运作状态，监督检查各校网络素养教育的开展情况。

具体来说，我国政府部门在青少年网瘾防治和网络素养教育方面，比较合理的做法是采取"宏观管理，微观放权"的策略。也就是说，承担起管理和协调的宏观层面的职责，而在微观层面的诸多事务，如网络素养教育的教材开发和课堂教学、网瘾的心理咨询和治疗等工作，就交给学校、专业教育培训机构、公益组织和相关专家来负责。也就是，政府的主导作用应限于宏观管理层面，政府角色也应该定位为网络素养教育的宏观管理者或宏观倡导者，而不宜事必躬亲，过多插手微观层面事务，这样才能确保社会各方参与者获得足够的资源支持和发挥空间 [201]。有着政府部门合理定位的青少年网络素养教育联动机制，才能将我国网络素养教育和网瘾防治工作推向常规化和专业化的良性运行轨道。

二、发挥社会公益组织重要作用

在发达国家和地区，网络素养教育的开展少不了社会公益组织的热心投身参与。网络素养教育通常会经历民间呼吁、政府介入、机制运行等发展阶段。

公益组织不仅在初期的民间呼吁阶段就热心投身于网络素养教育中，在随后的政府介入和机制运行阶段，也仍然扮演着重要角色。

以我国香港为例，香港浸会大学新闻系副教授李月莲所作的调查表明，截至 2001 年 5 月，在香港从事网络素养教育活动的机构有 72 家。其中，公益组织（社会服务机构和宗教团体）有 24 所，占比 33.3%；学校 43 所，占比 59.7%。自 2001 年 9 月起，香港公益组织突破机构、香港基督教服务处及明光社分别得到政府设立的优质教育基金资助，为香港 90 所小学和 20 所中学举办网络素养教育活动。香港网络素养运动是自发性质的，很多公益组织人员和教师发现青少年深受网络的负面影响，便自发地在自己所属机构或学校展开网络素养教育活动。随着参加者日渐增多，逐渐汇聚成一股新兴的民间公益运动，网络素养教育也被推广开来。在公益组织的倡议和游说下，香港特区政府教育署于 2001 ～ 2002 学年期间，举办了网络素养教育师资培训班，为后来在人文科科目、公民教育科目及德育科目中加入网络素养教育内容奠定了基础[202]。

新加坡公益组织也在网络素养教育中发挥了重要作用。新加坡公益组织不仅是网络素养教育的先行者，还是新加坡网络素养教育中政府职能部门的重要合作伙伴，更担任了新加坡网络素养教育领域的"无冕导师"，培训了大批在教育界或商界从事网络素养教育的师资力量。新加坡著名公益组织——触爱社区服务社（TOUCH Community Services）成立于 1992 年，可称得上是新加坡推进网络素养教育的一大功臣。2001 年，触爱社区服务社创立了一个专门从事网络素养教育的服务中心——触爱网络素养（Touch Cyber Wellness）。截至 2013 年，触爱网络素养已为新加坡 300 多所学校提供过网络素养教育课程，并与新加坡政府相关部门合作，编写了网络素养教育大纲和教材。此外，触爱网络素养还承担了大量网络素养教育师资培训任务，在 2003 ～ 2005 年，于新加坡国家教育学院（National Institute of Education）培训了约 2000 名教育工作者；2005 年，受媒体发展管理局委托，培训了 5 家商业性教育训练中心；触爱网络素养还培训了 600 余名青年志愿者。目前触爱网络素养教育受训人数早已突破 100 万大关，涉及人群包括青少年、学生父母、教师、学校辅导员等[201]。

三、开设在线网络素养教育平台

在国际上，网络素养教育已被视为提升青少年安全健康上网的有效手段之一。世界各国的媒体监管机构、教育部门和公益组织等纷纷开设在线教育平台，推广和促进网络素养教育。例如，新西兰创建了"网络安全"（Netsafe）在线网络素养教育平台[203]；澳大利亚通讯与媒体局（Australian Communications and Media Authority，ACMA），开设了名为"网络机智"（Cybersmart）的在线网络素养教育平台[204]；加拿大创建了"网络智慧"（Cyberwise）在线教育平台[205]。新加坡教育部（Ministry of Education）创建了网络素养教育在线平台（Cyber Wellness Portal），它提供网络素养教育的各类材料和指导性意见，并且设置了网络素养教育课程的教学总体框架（The Cyber Wellness Framework）、"辨识、思考和行动"启发式学习模式（Learning Cycle of Sense,Think and Act），此外还编写了网络素养教育课程电子教材和参考资料等[206]。

网络素养教育在线平台一般都会提供各种免费的热线服务和在线资源，如与网络素养教育相关的调查报告和研究成果，针对父母和孩子的网络素养指导手册，可用于师资培训和教学参考的教学大纲和电子教案，网络素养相关项目策划方案和实施计划，以及网络不良信息举报和针对网络沉迷问题的免费服务和在线帮助等。

除了专家学者和媒体监管机构，一些国际性组织也涉足青少年网络保护领域，推出一系列的调查研究报告及网络素养教育实践项目，使得网络素养教育成为一个青少年保护领域的国际性议题。例如，经济合作与发展组织（Organization for Economic Cooperation and Development，OECD）在 2012 年发布了一份调查研究报告《儿童网络保护：儿童面临的网络危险及应对之策》（*The Protection of Children Online: Risks Faced by Children Online and Policies to Protect them*）[207]。又如，欧盟委员会（European Commission，EC）自 2005 年始就开始启动"网络安全项目"（Safer Internet Program），第一期（2005 ～ 2008 年）投入了 4500 万欧元（约合 3.4 亿人民币），第二期（2009 ～ 2013 年）投入 5500 万欧元（约合 4.2 亿元人民币），用于资助一大批与网络素养教育相关的调查研究课题和实际运用项目，帮助青少年培养对有害网络内容的分辨能力，提高对非法网络行为的警觉，练就自我保护本领[208]。同时欧盟还创设了"网络素养"（Internet Literacy）在线教育平台，为青少年、父母和教师等提供各种免费的学习材料，如被译成英语、法语、西班牙语等 11 种语言版本的《网络素养手册》（*Internet Literacy Handbook*）。

四、完善网络监管和行业自律

网络监管与网络素养教育有着密切的联系。两者都是针对网络信息的管理和应对，但网络监管侧重于对网络内容生产者的管理和监督，而网络素养则更关注网络内容消费者的行为。在这方面，新加坡的网络监管政策和措施颇具特色，主要表现在它大力推行的"三合一"政策，即法规制约、行业自律、网络素养教育。新加坡网络法规的具体操作原则是仅对明显造成社会危害的违法案例进行选择性追诉。除了利用法律法规对网络进行监管外，新加坡还鼓励行业自律。也就是说，要求互联网服务提供商提供低廉的家庭上网过滤服务，帮助用户过滤掉不法信息和有害的网络内容，同时要求网络内容供应商对其网站贴上相应的标签，遵守行业内容的规定。值得注意的是，新加坡政府持有观点，网络监管的长远之计在于网络素养教育，而并不在于法规制约和行业自律[209]。

对于我国来说，互联网已经不仅是信息交流的平台，还是经济发展的重要驱动力，是国家的核心竞争力和国际竞争中的战略制高点。2013年11月，十八届三中全会决定成立国家安全委员会，把互联网安全管理上升到国家战略层面。

首先，我国的网络行业管理已初具体系，但是整体上还有待改善。针对互联网多头管理的现状，可以借鉴韩国网络监管的方法。韩国的网络监管以政府为主导，韩国因特网安全委员会是其主要机构，主要职责是负责从宏观角度制定网站传播内容的标准，提出网络道德建设的一般性原则。下设两个具体执行部门，即信息道德通信委员会和专家委员会，从微观角度对网络上传播信息的具体信息制定标准，对网络上可能出现的有害信息进行预测及防范。这种模式的好处是充分发挥政策、行政及司法的作用[210]。而相比较而言，我国网络管理上存在"九龙治水"的情况，许多部门都被赋予了管理职能，而在法律层面却并未明确协调配合机制，经常会出现责任不明、监管不到位的现象。因此，必须要强化各网络行业管理部门之间的沟通与联系，明确各部门的具体职责和分工。

同时，无论是从我国互联网发展和管理的特点，还是从国际互联网发展和管理的经验来看，建立起职能集中的独立网络行业管理机构势在必行。目前，我国成立了互联网信息办公室，在网络行业管理明确了工业和信息化部、公安部、网络安全和信息化领导小组办公室（简称网信办）三个主体，这是我国网络行业管理体制的一大进步。但是，为有效提高网络行业管理效能，应进一步推进网络行业管理体制改革，建立起精简、统一、高效、专业的网络行业管理机构，实行中央垂直管理、统一协调、分工协作的互联网综合管理体制，这样才能解决"政出多门，多头管理"的问题，进而形成"政出一门，统一管理"的格局，适应互联网高速发展的形势和行业管理的需要[211]。

其次，加快网络行业管理立法进程。建立起一套点、线、面结合，且行之有效的法律法规体系，覆盖网络运行的各环节和全过程。

在法律法规上要明确网络行业管理的基本原则，以及互联网利益各方的基本权利、义务。既要使网络服务商和普通网民权利得到保障，也要有义务性和禁止性规范，从而推动社会教育、法律规范、行政监管、行业自律、技术保障、公众监督相结合的网络行业管理体系的形成。同时，这一法律法规体系的建立过程，既要尊重现在的行业发展现状，也要具有前瞻眼光，从制度上为未来的技术发展预留空间。当前，为了适应这一立法需要，应加快落实对刑法、民法、保密法等相关法律的修订工作，推进互联网信息服务管理办法的修订和电信法立法。

最后，加强网络行业自律建设，提升全民网络素质，努力营造有序、和谐、健康的网络舆论环境。要实现这一目标，应做好以下几点。

从行业主体层面，更好发挥以《中国互联网行业自律公约》为纲领性文件的中国互联网协会的第三方自律组织作用，明确和完善其组织结构和职能，优化其运行机制和管理方式，加强其在"少干预、重自律"的行业发展思路中的影响力。通过互联网协会等行业组织，引导互联网企业守法自律，加强社会责任意识，在处理经济效益与社会效益的关系时，自觉把社会效益放在第一位。

从网络使用主体层面，确立网络自律的基本原则。开展各种自律行动与计划，制定诸如虚拟社区章程、网络礼仪、伦理守则等网络规则，将网络自律提升到实践层面；提高网络社会的公民素养和道德自律。增大品位文化在网络社会的传播力度；引导网民不制造传播虚假有害信息，不为了宣泄情绪参与恶意炒作，不为了吸引眼球而刊播低俗内容；倡导网络推手、网络意见领袖（大V）、网红等关键点位、关键人员的网络自律意识的提升。

正如《光明日报》一篇文章《"互联网＋教育"：机遇、挑战与应对》所倡导的那样："我们不能过分夸大互联网的变革作用，要积极防止不良信息、网络犯罪、网络沉迷等现象对教育造成负面影响，要及时通过健全法律、加强监管等方式净化互联网环境，让互联网更好地为教育所用"[212]。

五、借助媒体传播优势

媒介环境如今已经成为继经济环境、文化环境和自然环境后，又一个十分重要的社会环境因素。研究表明，在现代社会中，人们头脑中80%以上社会信息是通过大众媒介获知的，它已成为人们获取外界信息的主渠道。大众媒介是人们获取外界信息的主要渠道之一。除此之外，大众媒介还具有传递知识和教化的功能——在传播信息的过程中，将社会普遍认同的价值观念、行为准则潜移默化地渗透给受众。学生在形成世界观、人生观、价值观的过程中，大众媒介的传播行为起到了深远的影响。媒介素养教育起源于媒介内容对人们的影响，同时媒介本身是媒介素养教育最有效的传达手段，作为信息源的大众媒介理应对媒介素养教育负责。所以，在提升大学生的媒介素养的过程中，媒体制度应不断完善成熟，媒体从业人员要提高自身媒介素养，大众媒介要担负起自身社会责任，为高校学生提供优质的媒介服务和消费。

美国政治学家伯纳德·科恩曾指出："在大多数时间，报纸在告诉它的受众该怎样想时也许并不成功，但它在告诉它的读者该想些什么时，却是惊人的成功"[213]。也就是说，大众传媒可能无法决定人们怎样想，但是却可以潜移默化地影响人们的思考方式思维习惯。所以，大众媒介在大学生媒介素养培育过程中的引导作用不容忽视。大众媒介要有倾向地生产和传播信息，引导和帮助大学生提高对媒介信息的识别、解读和批判能力。发挥媒体的传播优势，如在媒体上开设专栏，普及关于媒介素养的内容，呼吁受众关注媒介素养教育，并积极主动地参与到媒介素养教育中来，使全民自觉主动行动起来，提高自身的媒介素养，为学生营造媒介素养教育的良好的社会氛围。

信息时代，传统的大众媒介与网络媒介构成了相互联动、相互交织的媒介传播大网络。新媒体技术的发展大大降低了传播的门槛，越来越多的普通民众参与其中，扮演着受众和传播者双重角色。在"人人都有麦克风"的时代，媒体传播内容愈发海量，并呈现出泛政治化、全民化、多元化、草根化、碎片化等特点。这也给媒介引导宣传普及网络素养带来了一定程度的困难。但总体来说，网络媒介可以利用传播的互动性来重新塑造学生的媒介思维，构建与大学生思维和心理需求相一致的和谐。多给学生提供交流参与的机会，而不是板起面孔一味地说教。联合各种网络媒介一起努力，少追求一点经济利益，多考虑一点学生的身心健康发展，为他们提供健康的媒体空间。

另外，国内各个高校都很重视加强校园舆论传播媒介和文化设施的建设，大学校园大都拥有较为丰富的媒介资源，如校园广播、校园报纸、校园电视、校园网络等。这些媒介传播的辐射面很广、信息量很大，并且信息针对性很强，贴近学生的日常生活，是校园内师生获取校园新闻的主要渠道，深受师生的喜爱，对于营造适合大学生们健康成长的舆论传播环境意义重大。

首先，高校要充分利用校园网络媒介的优势，将其作为开展大学生网络素养教育的重要学习、实践平台。

通过有专业教师指导的实践活动，让大学生参与到校园节目的制作和播出环节中去，熟悉传统媒体的制作流程和运作方式；通过使用、管理校园"两微"（微博、微信公众平台）和手机信息发布平台等网络新媒体，掌握网络新媒介技术应用的基本知识，深入了解网络新媒体运行的完整过程。这些实践活动有助于大学生了解和感知各个媒体报道内容和方式之间的差别，提高对虚假、敏感信息的识别和批判能力，从而养成良好的媒介使用习惯，提高自身的网络媒介素养，更好地利用媒体[214]。

其次，构建高校网络安全监测系统。要建立一支分工明确、联动协调的校园网络安全监测队伍。

进一步建立和完善校园网络安全防护、信息保护及过滤等系统，构建校园网络安全技术防控体系；在应对校园网络舆情突发事件时，各个部门整合资源，合作协调，化解危机；构建监测研判机制，密切关注新媒体平台和重点网站上的言论；构建宣传教育机制，充分占领校园网络宣传和教育的阵地，把握互联网传播的优势，宣传科学理论，传播先进文化；构建引导干预机制，加强对校园网络舆情的关注，及时回应，积极引导；构建分析甄别机制和自我管理机制，引导大学生群体建立为自己传播的信息负责任的态度和精神，学会用理性判断、甄别和分析，实现大学生网络的自我教育和自我管理，形成良好的校园舆情氛围[215]。

第二节　学校教育路径

在丰富的网络信息海洋中，内容丰富多彩、鱼龙混杂，目前，高校的管理者已经认识到解决方案不能仅仅局限在提高技术教学上。提高学生们的网络素养并在良好的网络素养下所学到的技能应用到网络技术中，是目前各高校迫切希望实现的愿望。

学校在网络素养教育中应强调这样一个原则：网络世界是一个交流平台，而非虚拟世界。网络交往是生活的一部分，是真实的人生的有机成分，而非毫无责任感的角色扮演游戏。在现实中的一切行为准则，必须同时适用于网络中。将大学校园文化建设同大学生的网络媒介素养教育结合起来。例如，社团活动中作必要的组织和引导，在鼓励学生参与的同时提高他们的网络素养，形成正确的学习习惯，引导学生在网络接触行为的过程中进行自觉内省与领悟，这是学校教育应当担负起的责任。

一、加强高校数字图书馆的建设

在培养和提高大学生的信息素养的过程中，高校图书馆具有不可代替的优势，有条件也应该责无旁贷地成为主要承担者。

互联网时代，数字阅读已经成为一种趋势，数字信息资源成为学生获取信息和知识的重要来源。数字图书馆凭借着海量的分布式数字化信息资源集合，以及跨地域的便捷网络访问，成为如今高校图书馆建设的重中之重。

数字图书馆是以组织数字化信息及其技术进入图书馆并提供有效服务的平台。几乎所有载体的图书馆的信息均能以数字化的形式获得，包括所有联机采购、编目、公共查询、信息资源检索。通过网络，学生可以访问外界数字图书馆和文献信息数据库系统，如多媒体资料、电子杂志、电子图书、声像资料、动画片、影视片等；可以连接全球各个角落，很方便地实现资源共享[216]。所以，在培养和提高大学生的信息素养的过程中，必须把高校数字图书馆建设放在重要位置，使其成为大学生网络素养教育中的一环。

首先，从宏观的管理层面来说，要建立一个国家层面的统一领导组织，制定实施方案，建立约束机制，通过下设的多个协调组，指导协调各个高校图书馆数字图书馆的建设。

国外在建设数字图书馆时，一般都是以国家总体规划、统一协调作为其重要指导原则，如起步较早的美国和俄罗斯数字图书馆建设，目前都是由一家机构协调，联合有关部门共同研究和建设[217]。对于我国来说，同样也应该强调国家层面的规划统筹，唯有这样，数字图书馆项目才能实现各高校间的共同建设、分工合作，不成为一盘散沙，才能适应中国数字文献工程一盘棋的要求，才能使高校图书馆的数字和文献建设达到需求牵引、滚动发展的目的。

其次，从资源建设上来说，高校数字图书馆建设应注意以下三点：

（1）提高版权意识，强化保护意识。在以知识作为主导的新经济时代，版权是一项重要的法律保障制度。重视对知识产权的保护与利用，有助于数字图书馆自身可持续发展。我国数字图书馆的建设过程中出现了规避版权的问题，而规避版权会抑制知识产品的生产，在保护的基础上的利用则能促进知识产品以更大规模被创造出来。所以，高校的数字图书馆建设者应提高版权意识，经常开展对馆员的知识产权普法教育，强化其版权保护意识。

（2）加强对个性化的数字资源的采集。依据工作重点，可以将数字图书馆的资源建设划分为文献资源数字化和数字资源采集两个阶段。第一阶段的主要目的是将各种非数字化资源进行数字化加工；第二阶段就是强调对数字资源的采集、加工、保存与利用。经过多年的数字图书馆的建设，我国数字图书馆资源建设正由资源数字化向数字资源采集发展[218]。在这个过程中，我们可以清晰地看到，因受众群体的特殊性，只有具有鲜明学科特色的数字资源，才具有资源共享的价值，才能获得较高的网络访问率。所以，应鼓励各高校建设个性化的特色数据资源库，突出自己的重点学科实力，最终推动个性化数字图书馆系统的建立。

（3）推动经费投入多元化。建设高度网络化、自动化的高校数字图书馆是一项长期工程，它的顺利启动及正常运作均需要较高的、长期的资金投入。

目前，我国数字图书馆建设经费的来源，还主要是依靠政府、科研院所等公共部门及部分信息技术服务公司出资，远远无法满足需求。而在国外，经费来源除政府与商业公司外，还包括各种基金会、民间组织、行业协会、企业、个人等。例如，"美国记忆"项目，其中有4500万美元的经费是由AT&T电话公司、柯达公司、福特基金会等私人企业、公司、基金会和个人资助的[219]。

近年来，随着我国社会经济的快速发展及公民社会服务意识的提高，我国也出现了大量由民间组织、协会或个人创办的各类型的基金会。寻求这些基金会的资助，或许是高校数字图书馆建设中一条实现多元化经费投入的新思路。文化部社会文化司于2010年5月27日公布的《数字图书馆资源建设指南》就明确提出：在国家政策许可的范围内吸纳社会多元化资金投入。随着相关政策的出台和完善，笔者相信，会有更多的民间组织、行业协会、企业及个人等社会力量投入到高校数字图书馆建设中来。

再次，充分发挥高校数字图书馆建设中的高校自身技术支持优势。一定意义上而言，技术推动了数字图书馆的每一个阶段性发展。国家863攻关项目"知识网络——数字图书馆系统工程"在对美国DLI项目承担机构进行分析后指出，由图书馆或情报学院系牵头的DLI-2项目只占少数，多数研究项目是由计算机专家而非情报学家领导的[220]。对于高校来说，拥有自己的科研院所，在提升数字图书馆建设的技术支持上来说还是有一定优势的。加大对数字图书馆相关技术的研发，可以有效提升数字图书馆的资源共享及软硬件服务。例如，当前国内在建的数字图书馆项目中，有部分项目正在使用云计算技术。使用云计算建设数字图书馆，一方面，可以彻底摆脱硬件设备的限制，从云计算平台获取海量的信息存储能力和巨大的计算能力，从而降低成本；另一方面，各个数字图书馆项目之间可以共同构筑信息共享空间，分享基础设施，并提供共享数据资源、特色服务等。其中，做得比较好的是由中国高等教育文献保障系统（CALIS）承担的分布式中国高等教育数字图书馆系统三期项目。该项目在建设中提出结合云计算、SaaS（软件即服务）、Web2.0、SOA（面向服务的架构）等技术打造 CALIS 数字图书馆云战略。该平台可以为各个高校图书馆提供本地化的私有云方案，并可构建多级的 CALIS 云服务中心[221]。

最后，从高校数字图书馆的服务角度来说，数字图书馆是印刷型文献和数字化文献资源的集合体，并且具有广阔的服务对象及现代化的服务设施和服务方法。这就要求提高图书馆人员的整体水平和素质。一方面，需要适当调整馆员结构，增加具备专业文献信息处理能力并掌握先进网络技术的复合型人才，增加对本校重点学科和前沿专业有一定了解的学科型人才；另一方面，在建设数字资源的同时，加强对现有图书馆馆员的现代信息技术培训和进修，刷新知识体系，提升业务能力，建立信息服务理念。

二、培养高素质的网络素养师资队伍

增强大学生的网络素养，教师能力是关键。高校教师网络媒介素养，指的是高校教师在掌握网络信息选择力、理解力、质疑力、评估力、创造生产力和思辨反应力的同时，建设性地享用网络媒介资源，充分挖掘网络媒介教育功能的素质和修养[222]。教师是实施网络媒介素养教育的主力军，教师的网络知识、网络使用情况、对学生网络媒介素养教育的理解及网络道德等因素，影响着学生网络媒介素养教育的推进。

1.高校教师要提升网络素养，及时转变角色

高校教师要充分意识到网络对高校育人环境的深远影响，充分发挥网络的优势，进行切实有效的思想政治教育。身为高校教师，首先自身要提高网络素养，转变自己的媒介角色。媒体角色的转变大多隶属于道德范畴的一项要求。在传统媒体环境下，大多数参与者都把自己定位为网络使用者。然而，自媒体时代已经来临，它使得公众可以发出自己的声音、传播有较大影响力的信息，由媒体使用者的角色转变为信息采集者、发布者、监督者和被监督者。

高校教师首先是社会公民，所以要遵守最基本的网络道德。在网络上约束自己的行为，不要随意发布媚俗、恶俗、庸俗的帖子，也不要随意转发不良信息或传播谣言；其次，高校教师具备"网络意见领袖"的天然优势，因为他们都是较为高级的知识分子，都是各自学科领域的专家，此外他们的"粉丝"有

很大一部分是自己的学生。高校教师可以利用自己意见领袖的身份去与学生进行交流和互动，引导他们理性认识和解读网络信息，引导他们培养批判精神，理智地认清目前形势的主流和发展的趋势，逐渐形成自己的信息认知和价值判断。在跟学生互动的时候，要时刻谨记自己的教师身份，注意言语用词，在开放的网络世界谨言慎行，利用自己的影响力引导学生在网络世界中注意自己的言行举止；在面对突发事件时，要时刻与社会主流意见保持一致，尤其是当面对学生质疑时，不能发布与事实不符的信息或谣言来误导学生。

2. 在教师的职前培训与在职培训体系中纳入网络素养评价

提高教师网络素养是一个长期过程，其持续性、发展性决定了它必须经历从初级到高级的逐步发展。所以，在对教师进行岗前培训时，要制订中长期计划，具体做法有：与新闻、传媒等大学或学院建立合作关系，这些院校有深厚的新闻传播专业知识基础和积淀，课程建设也相对完善，而且具有传媒教育的实践经验。邀请这些新闻院校的教师开展网络媒介素养教育，学习课程的教师不仅要学习师范教育相关课程，还要学习新闻传播类课程、网络技术课程等。教育技术、大众传播学、网络技术、信息技术等专业的教师都具有一定优势，可以作为优先考虑培养的对象；改变以讲授网络知识为主的课堂教学形式，增加如何将网络技术应用到教学实践中去的相关技能和方法的内容，并增加实践次数；在教师资格认定中注重加强考察被认定人员在网络知识、意识、道德水平和应用能力这四个方面的水平和能力。因此，学校要根据本校教师网络素养的实际情况来制定不同的阶段性目标，针对不同水平阶段教师的不同特点进行差异化培养，让每个教师都取得个性化、阶段性的发展，进而促进最终实现学校整体教师网络素养的全面提高。

另外，要建立教师网络素养在职培训体系。首先要更新教师的教育观念，提升教师把握网络媒介素养教育的教学方法和手段的能力，培养教师在媒介素养教育中的角色意识和引导能力，使教师逐步适应信息化条件下的网络媒介素养教育新模式，及时感知新时代对学生思维方式的新要求，在潜移默化中培养学生的网络意识。

在培养方式上，除正规的网络素养教育师资培训以外，传媒院校还可以开展多样化的暑假进修课程、在职培训课程等，对学校教师进行短期培训。模仿教师岗前培训，不同的师资建设，在培养目标、课程设置和评价体系等方面应该设置区别，但都需要进行网络媒介素养教育的专业课程学习，这样才可以有针对性地提高网络媒介素养教育师资培养的成效。通过确立培训目标、设置培训内容、研发培训模式、建立激励引导机制、注重培训后的相应支持和加强校外合作等一系列的内容，把网络素养作为教师评聘、定级、考核的依据，实现教师网络素养的有效培养。

正如教育部印发的《教育信息化"十三五"规划》中所倡议的："要建立健全教师信息技术应用能力标准，将信息化教学能力培养纳入师范生培养课程体系，列入高校和中小学办学水平评估、校长考评的指标体系，将教师信息技术应用能力纳入教师培训必修学时（学分），培养教师利用信息技术开展学情分析与个性化教学的能力，增强教师在信息化环境下创新教育教学的能力，使信息化教学真正成为教师教学活动的常态。"[223]

最后，要建立科学的网络素养评价机制。对教师网络素养的评价，既可以带给教师学习的动力，也可以检测学校实行的培养方法，它能为学校进行相关培训提供及时、客观的反馈。因此，建立科学的评价机制与评价指标体系是必要的。由于国内目前对教师网络素养的研究还处于初期起步阶段，具体的评价标准仍处于实验之中，因此一个可行的方法是采用现有的美国学者提出的网络层次分析法作为判定教师网络基本技能的评价标准[224]。

总而言之，要注重多种培养途径的有机结合，在培养教师网络素养的过程中需要将教师职前培养、教师在职培训、教师自学及各种社会机构培训结合起来，让教师的网络素养得到全面培养[225]。可以说，提高教师队伍的网络媒介素养水平势在必行，并应将此视为信息社会中反映教师工作水平和教育能力的重要标志。

三、调整网络素养教育内容

媒介素养教育是网络素养教育的前身。媒介素养教育概念较为广泛，涉及对网络、报纸、电视等各类媒体消费者的教育。早先，它的教育重点放在如何保护青少年免受电视和电影的暴力等不良影响；如今教育的重点则是如何使青少年免受网络潜在危险等方面。随着青少年网民人数呈几何级增长的态势，网络素养教育越来越成为媒介素养教育领域新的关注点。

国外发达国家将媒介素养教育纳入正规学校教育体系，一般分为两种情况：一种情况是将它作为一种新的教学内容，融入到原有学校课程中去，如母语语言课程等；另一种是让它作为一门独立的新课程，单独开设。较早期的媒介素养教育，通常是作为融入性课程内容的。例如，自20世纪70年代开始，英国就将媒介素养教育纳入正规教育体系，通过各种专题的形式将媒介素养与原有学科结合起来，核心是培养学生文化品位。日本文部科学省 2001 年将媒介素养教育内容添加到中小学的"综合教育"科目中，其他国家一些学校则将媒介素养教育内容加至道德、语文课中[226]。

另外，在一些发达国家，媒介素养教育也有被作为一门独立的新课程开设的例子。例如，新加坡教育部（Ministry of Education）倡导各中小学开设网络素养教育课程（Cyber Wellness Education），各学校聘请了经过教育部资质认证的私立教育机构教师，到学校承担新课程的教学任务。

巴利·邓肯曾经说过："不应该将媒介素养教育视为硬要塞进现已排得满满的课程表里的课程。作为一项横跨多个学科的教育活动，媒介素养教育应被视为一种综合的教育方法……媒介素养教育应该渗透到各种课堂活动中，包括地理、自然和语言艺术。"

网络素养教育课程内容可以分为理论和实践两大环节。理论环节主要注重网络认知教育，可以包括三大部分内容，即由网络素养教育小组根据大学生网络素养特点专门研发的公共选修课程；邀请业界资深的新闻从业人员做与网络相关的知识讲座；教学内容上更加灵活多样，比如，可以将相关的图书和音像制品用于教学。

实践环节主要注重网络实践参与教育，包括计算机基础课程和媒介实践。计算机基础课程应当增设一些多媒体信息制作的基础课程，如 Photoshop 的使用等，高校宣传部新闻中心下设的校报、新闻网、校电视台、校广播电台、微信平台、舆情监控等多个校级新闻媒体，可以为学生提供实践参与传播的机会。

在此，针对现有部分高校的本科文化素质课教育，笔者有如下建议。

（1）将网络素养教育课程列为与"艺术类""环保与可持续发展类""生命科学与医学类""历史与社会类""哲学与文化类""道德与法律类""文学与写作类""政治与经济类""经营与管理类""自然科学与工程类"十大类课程并列的全校公共选修课体系，纳入本科生培养方案。

根据本书第五章回归模型中自律批判素养（-0.238）、发布研究素养（-0.144）和安全道德素养（-0.096）三个预测变量对网络沉迷总体指数的负向影响力，说明这三个素养越高，大学生沉迷网络的可能性越小。因此，对大学生开设的网络素养教育课程，建议增加对大学生自律批判素养、发布研究素养和安全道德素养提升有帮助的教育内容。

（2）建立互动学习小组。可借鉴大连理工大学在思想政治理论课中所建立的"大班上课、小班讨论"，建立学习小组的经验。在网络素养教育互动学习小组中，可由指导教师选定话题，大家自由进行传媒教育和传媒学习的争论和探讨，并试着去做深入的分析。

（3）鼓励学生创作和制造个人传媒信息。鼓励学生建立自己的自媒体平台发布信息，在制作和采写的过程中，学生学到得更多，体会得更深。鼓励学生多与媒体进行互动，向媒体投稿、媒体向大学生约稿，在良性互动下，学生对媒体的运作稿件采写的认识会更深。

四、加强网络思想政治隐性教育

中共中央、国务院《关于进一步加强和改进大学生思想政治教育的意见》指出，大学生是祖国宝贵的人才，加强对大学生的思想政治教育是重中之重。

网络已经成为 21 世纪国民尤其是当代大学生获取信息和了解问题的重要途径，当代大学生接触最多的媒介类型就是网络。从大学生的个体发展来讲，大学时期是大学生价值观、人生观、世界观形成的关键时期，这个阶段的大学生学习能力和效仿能力极强，大学时期形成的一些观念和看法很有可能伴随其一生。而网络资讯摆脱了时空和地域的限制，在内容上十分丰富，在没有类似其他媒介的把关人的情况下，一些不良的网络资讯很容易对大学生产生不良的诱导，在大学生思想价值观、人生观以及世界观的确立上起到不良的导向作用。因此，要实现提高大学生网络素养，预防大学生网络沉迷的"客观"目标，有关大学生网络思想政治的"主观"教育就显得十分迫切和紧要。

教育部印发的《教育部 2016 年工作要点》通知中强调，2016 年要全面实施高校思政课建设体系创新计划，实施好思政课教学方法改革择优推广计划[227]。

2016 年 12 月 7 ～ 8 日，习近平同志在全国高校思想政治工作会议上发表重要讲话，他强调，高校思想政治工作关系到高校培养什么样的人、如何培养人以及为谁培养人这个根本问题。要坚持把立德树人作为中心环节，把思想政治工作贯穿教育教学全过程，实现全程育人、全方位育人[228]。

正如《人民日报》评论员所言，小麦灌浆期，阳光水分跟不上，就会耽误一季庄稼的收成。高校思想政治工作做得如何，直接影响着青年学子的思想观念、价值取向、精神风貌，关乎一代青年的成长成才。做好高校思想政治工作，关键是要按照习近平同志在全国高校思想政治工作会议上所强调的，因事而化、因时而进、因势而新，坚持改革创新，不断提高工作能力和水平。推动高校思想政治工作改革创新涉及方方面面，重点是在这样四个方面用力：一要用好课堂教学这个主渠道；二要加快构建中国特色哲学社会科学学科体系和教材体系；

三要更加注重以文化人、以文育人；四要运用新媒体、新技术使工作活起来[229]。

为什么党中央和教育部不断呼吁要加强和改革高校思政政治教育改革思政课教学方法？因为我国思想政治教育目前大多还停留在显性阶段。显性的思想政治教育，即通过宣传授课等方式对大学生进行直接的、灌输式的思想政治教育，这种方式随着网络信息化的不断发展已经不能对大学生起到充分的教育作用、不能适应当下时代的需要。思想政治教育工作就应该像盐一样，但不能直接吃盐、光吃盐，最好的方式是将盐溶解到各种食物中自然而然地吸收，这就需要像习近平同志在全国高校思想政治工作会议上所倡导的那样，要运用新媒体、新技术使工作活起来。加强高校网络思想政治隐性教育，就是推动高校思想政治工作改革创新的一个重要举措。

高校网络思想政治隐性教育是指利用互联网等多媒体信息技术，采用隐蔽、含蓄、润物细无声的方式，把思想政治教育的目的、任务和内容渗透、践行于具体的网络实践活动中，使受教育者在潜移默化中受到暗示和感染，提高他们素养的教育方式。高校网络思想政治隐性教育的本质是隐性化的社会主义核心价值观和主流意识形态教育。

加强网络思想政治隐性教育可以主要从以下几个方面进行。

首先要认清思想政治显性教育和思想政治隐性教育的区别。思想政治显性教育，是指教育者有意识地、直接明显地对受教育者进行有形灌输式的思想政治道德教育，教育者的任务是灌输，受教育者的任务是接受。显性教育带有强制性和系统性，属于知识类教育方式，具有明确的学科指向和系统性的学科规范，具有教育目的明确化，教育主客体固定化，教育载体课堂化等特征。

而思想政治隐性教育，教育者把思想政治教育目的、任务和内容，采用隐蔽而含蓄的方式渗透于思想政治理论课堂教学之外的生活环境和各式活动中，受教育者在参与过程中潜移默化地接受暗示和引导，通过自主选择、自我学习、自我升华，接受某些价值观念，并内化为内在的品德。隐性教育属于非知识类教育方式，没有明确的学科指向和系统性的学科规范，具有教育目的隐蔽化，教育主客体对等化，教育载体多样化等特征。

显性思想政治教育和隐性思想政治教育二者既有区别，又有联系，是思想政治教育的两种重要教育方式。只有两者互相促进、互相配合、相互补充，才能达到对大学生思想政治教育效果的最大化。

其次，要巧妙进行议程设置。大学生网络思想政治隐性教育者利用互联网络，采用隐蔽、含蓄的方式，有目的、有计划、有组织地对大学生的思想价值观念实施影响。网络媒介同传统媒介类似，在事实呈现和新闻报道中都存在一定的议程设置。有针对性和导向性的议程设置，能够巧妙地通过文字呈现形式潜移默化地引导读者的关注点和价值取向。

因此，在网络思想政治隐性教育中，高校网站、微博、微信公众号发布的信息都要巧妙地添加隐性思想政治教育内容，进行议程设置，使学生在浏览信息过程中潜移默化地受到教育。比如，高校可以把每年评选道德标兵、学习标兵活动放到网上进行宣传推广，不仅运用文字、图片形式，还可以拍摄成视频，制作成动态相册，开展话题讨论、网络调查等互动活动，在参与互动中接受榜样的道德规范和价值理念，被榜样所感染，内化为自己行动的力量，在潜移默化中成长。

再次，选择合适的网络思想政治隐性教育载体。微博、微信等手机 APP，以及网络视频、网络校园文化、网络新闻、网络图片等都可以算作大学生网络思想政治教育隐性载体。提升大学生的网络素养，可以利用学生乐于参加的各类实践活动，以及学生喜爱的各类网络平台、校园广播、校园电视台、专业课学习、校园文化、校园管理等多个载体，将教育方式扩展到大学生生活的方方面面，使学生在参与中受到感染和熏陶。

以赛促学，就是一种不错的网络思想政治隐性教育。2016 年，全国高校校园网站联盟、中国大学生在线主办全国大学生网络安全知识竞赛，1100 多所高校的 60 多万名大学生积极参与在线答题。四川省教育厅通过"网信四川"微信公众号开展"青少年网络安全知识"网络答题，吸引 5 万余名中小学生参与。天津市教育委员会开展网络安全知识在线答题和校园网络安全知识技能竞赛，天津大学、南开大学等 57 所高校组织学生参加。陕西省教育厅组织"网安启明星"大学生网络安全知识竞赛，65 所高校经过校内遴选组队参加省级比赛。武汉大学、武汉理工大学等 10 所高校同电信运营商、网络企业等开展网络安全技术竞赛，提高网络安全保障能力[230]。

最后，要加强对学生的人文关怀。人文关怀是切入当代大学生思想政治教育的关键点之一。在网络浩如烟海的繁杂信息中，在大学生给予关注的信息中注入适当的人文关怀，有利于在网络信息的传播中传递正确的思想政治方向，对大学生思想价值观的树立进行潜移默化的引导。例如，在社会正能量的热点事件中运用热烈的颜色，强调将事件与好的政治文化素养形成关联；在容易形成网络沉迷的网页或游戏中加入警示性的颜色或标识，潜移默化地使大学生形成拒绝网络沉迷、理性看待网络游戏的正确价值观。

五、倡导参与式传播

20 世纪 90 年代末，在来自全球 60 个国家和地区的 6 万多名贫困者中，世界银行贫困问题研究小组开展了一项名为"与贫困群体对话"的大型参与式研究。研究报告表明，解决贫困问题的主体，不应该是援助者。通过那些正在经历贫困的人们的声音，告诉公众贫困问题的严峻现实，比那些置身事外式的"专家建议"更有助于解决贫困问题[231]。这就是参与式传播（participatory communication）作为发展传播学中的一种重要工作方法的典型应用。

参与式传播倡导平等对话价值取向，引导受众主动参与到信息传播当中去，把媒介作为自我表达和与人沟通的工具，让自己的声音和诉求被更多的人听到。

而网络素养教育的目标就是使大学生能够正确理解网络的社会功能，学会高效地传播信息[232]，发展自我表达的能力[233]，在社会上发出声音，并积极参与到公共事务中[234]。这与参与式传播的基本特征正好契合。

如学者所言，参与式传播的最终目的不是传播信息，而是赋权。根据加拿大国际开发署定义的定义，赋权"是指人能够支配自己的生活、制订自己的生活议程，获得技能，建立信心，解决问题，有能力自立"[235]。帕森斯（Parsons）将赋权定义为三个层面：一是个人层面，即个人自尊和自信的增长；二是人际层面，即大胆说出自己的观点，获得批判思考的能力；三是社区层面，即在社区的社会和政治决策过程中扮演积极的角色[236]。在大学生媒介素养教育中，赋权作用的体现，是指大学生通过参与式传播，唤回对自身能力和知识的自信，以社会行动者的身份参与公共决策，在公共议程中发出自己的声音。

高校社团活动，也是参与式传播的重要阵地。在实施项目或开展活动的过程中，社团成员展开探究学习，交流意见交流信息，通过集体决策确立的意见领袖向外表达看法。在这个赋权过程中，高校社团通过微博、微信等社交媒体发布信息，或者将获得的经验与成品"晒"在网上，成为参与式传播的主体，在大学生网络社区的影响力不可低估。

《关于培育建设大学生网络文化工作室的通知》是由教育部思想政治工作司于 2016 年下发的，提出"采用参与式传播方式，建设大学生网络文化工作室"。该通知强调，从师生需求出发，结合学校特色，引导工作室从网络文化、网络舆情等内容中选取方向、明确重点，在校内外广泛开展网络主题活动、网络课题研究、网络产品研发和网络技术服务，充实校园网络文化内涵，形成校园网络文化品牌。通过项目化运作、优质化产出，推进工作室品牌化建设，带动校园网络文化建设，提升学生网络素养。把相关成果应用到网络思想文化阵地建设、网上主题教育活动开展、网络舆情引导管理等网络建设管理工作中 [237]。

第三节　家庭亲朋教育路径

从一些针对学生家庭的调查中，我们可以发现，许多家长在面对孩子接触网络时都有一定的担忧。这种担忧背后，其实反映出家长本身缺乏对网络媒介的认知、思考和使用的基本技巧和常识。笔者认为，家长应加强对子女的引导，让孩子从小就在一个不缺乏网络应用的环境中成长，在使用过程中正确认识互联网，认识社会生活，提高对网络信息的甄别判断能力和自我保护能力，同时也要帮助他们养成良好的网络行为习惯。而这就要求家长本身拥有一定程度的网络素养。

另外，我们也不能忽视由所在地区经济发展差异和家庭状况差异所带来的"数字鸿沟"现象，努力提高贫困地区、贫困家庭的学生网络素养。

一、缩短父母与子女间的"数字鸿沟"

"知沟理论"由美国传播学家蒂奇诺等于 1970 年提出，理论内容主要是：经济地位的差距导致信息获取速度产生差别。大众媒介传播的信息越多，不同经济地位的人群间获取的信息差距越大，由此产生了知识鸿沟。处于信息时代的今天，信息传播速度不断加强，传播方式也由传统的电子信号和纸质媒介转变为更高效、更快捷的数字信号，随着数字传播的广度和量级不断增大，不同人群间接触数字化网络的时间和频率不同，人群之间产生了"数字鸿沟"。

目前，大学生多为"90 后"，这一代的学生一般自出生起就频繁接触网络，他们的生活一直伴随着网络数字化的影子；而"90 后"的父母大多为 1960 ~ 1970 年出生的人群，网络在他们青年时期还没有发展，大多数父母在进入到 21 世纪后才开始接触网络，网络作为父母眼中比较新的事物被父母接受的程度较差，这种媒介接触差异导致了父母与子女两个群体间的信息接触速度和量级不同，形成了"数字鸿沟"。

这种"数字鸿沟"的出现，加大了父母与子女间相互理解的难度，子女在不被父母理解和包容的情况下更容易引发二者间的对立情绪。父母的理解作为对子女最重要的社会支持，如果支持被弱化很容易导致子女沉迷于网络寻找解脱和慰藉。根据前文研究也能明显地看到，父母对子女的社会支持对大学生是否形成网络沉迷有着重要的影响。从信息接受层面来讲，强化对大学生的社会支持，需要父母提供更好的家庭环境、更多的宽容和理解。

减小父母与子女之间的"数字鸿沟"，是营造良好的社会支持的重要手段。从数字鸿沟的形成与发展和父母、子女的特点来说，减小父母与子女的"数字鸿沟"的方式主要有以下两种。

首先，父母应当积极地学习新的媒介形式，主动认识和接受这种新的媒介形式。在数字网络问题上，与子女多交流和沟通，互相学习，理解当代大学生因为所处时代不同而产生的价值观和人生观不同。新的信息传递方式带来的是对传统权威的颠覆，互联网营造的是以能力和技术为导向、尊重知识尊重人才的平等和谐的交流方式，因此父母应当尽量减少权威式的家庭教育，谨慎地把握与子女的沟通技巧，尊重子女，调整自身的语言表达沟通方式。在家庭接触上不让数字信息接受的差异性影响家庭氛围，尽力为大学生营造一个积极健康的家庭生活氛围，从而预防大学生走向网络沉迷。

其次，大学生应当尊重父母，在网络使用上考虑父母的实际情况，耐心、细心地帮助父母了解、认识和使用这种他们并不熟悉的媒介形式，从而减小双方在信息接触方面的差异。这种学生对父母贴心的关怀，既实用方便，又饱含深情。同时学校和社会教育也应给予大学生以积极的引导，帮助大学生认识到父母与自身不同的媒介习惯，了解父母生活、关心和爱护家人。

减小"数字鸿沟"当然并不能只依靠父母与子女双方，需要通过良好的社会宣传，营造积极健康的信息交流环境，帮助大部分大学生摆脱焦躁、沉迷的网络使用心态。因此，缩短数字鸿沟也需要社会各界共同的努力，创造一个能够被大众都接受和习惯的网络使用方式，促进网络接触平等，提高对大学生的社会支持，从而对大学生网络沉迷起到有效的预防作用。

二、改善父母对子女网络使用行为的教养方式

正如前文实证调查证实的那样，家庭环境确实对网络使用者的网络素养产生影响。家庭人均月收入，反映的就是家庭的总体经济水平。根据前文实证调查，家庭的经济水平与网络素养呈正相关关系，家庭月收入水平越高，大学生的网络素养总体水平、信息技术素养、互动创新素养、自律批判素养就高。这是因为家庭收入高可以给学生成长提供更加优越的条件，来使用网络学习信息

技术，上网遨游冲浪。但前文数据中有一点值得注意，网络素养中的安全道德素养并未呈现出与家庭经济水平相关的显示。这说明网络接触者的安全道德素养的高低与其家庭经济水平并没有显著的关联，家庭经济水平的高低并不能对其安全道德素养的养成产生明显的影响。

另外，前文实证调查已经证实，父母的最高学历对大学生的网络素养有一定的影响。父母的学历越高，网络接触者的网络素养就越高。父母自身学历的高低，会对其本身的网络素养和对孩子的网络素养教育都有不同程度的期望：父母的学历越高，对孩子的网络素养教育会更重视，对孩子的网络素养的高低会更关注，因此会采取不同的方式对孩子的网络素养进行一定的教育和干涉。同理，家庭是否经常进行网络素养教育也会对大学生的网络素养水平产生影响，从本书表4-16中可以发现：在家庭中经常进行网络素养教育的大学生，在网络素养总体水平以及信息技术素养、互动创新素养和自律批判素养方面，都明显高于很少和从来没有在家庭中进行网络素养教育的大学生。

总体来看，父母的家庭管教越严厉，青年人的网络素养越高。但是其中有一个有趣的现象，家庭管教方式与网络素养中的互动素养产生负相关的关系，表明父母的家庭管教越严厉，青年人的互动素养越低。原因可能是在父母的严厉的家庭管教中，青年人的自我发展受到一定程度的约束，与外界的接触变少，在网络的世界中更加的封闭自己，互动的愿望变得不那么强烈。家庭网络素养教育的效果，不仅取决于父母的教育动机和教育内容，更大程度上是取决于教育方式。进一步说，良好的家庭网络教育方式有利于青年人形成良好的网络素养，不良的家庭教育方式则在一定程度上对其网络素养的发展起阻碍作用。因此，为了使青年人能形成良好的网络素养，父母更应该以身作则，树立良好的网络素养典范，并运用不同的家庭管教方式进行教育与指导。

三、调整亲子关系

家庭是网络沉迷预防的重要社会支持。我国台湾学者卢丽卉研究指出，亲子互动关系"聚频心系"的子女比较不容易网络沉迷；相反，亲子关系为"聚频心离"和"聚疏心离"的子女比较容易出现网络沉迷的状况[238]。因此，构建良好的亲子关系、形成强有力的社会支持是预防大学生网络沉迷的重要方面。父母与子女两代人由于成长的生活环境、物质水平等方面有很大差别，因此形成的人生价值观念、待人接物的行为方式和审美等都存在着差异。这种差异是客观存在和不可避免的，两代人在交流时存在一定的差异也是正常的。父母应该充分认识到自己与子女的差异，从实际情况出发努力打造一个良好的亲子关系。

从大学生教育角度来看，影响亲子关系的因素主要有两个方面：家庭教育方式和大学生心理发展特点。

首先，要树立正确的家庭教育观念。家庭成员会对大学生产生榜样的影响力，家庭环境、教育方式也会对大学生产生相应的心理影响。权威型是中国古代以来运用较多的家庭教育形式，但这一教育方法不利于父母与子女间健康沟通方式的形成，也容易因为以家长为主导、不注重子女意见从而影响子女对家长的看法，不利于建立良好的亲子关系。良好的家庭教育应当是"民主"的。民主的家庭教育观念需要父母放下"权威"的架子，与大学生平等地交流，在各类问题上听取子女的观点和看法，平等地进行决策，在有关子女自身发展的问题上充分尊重子女自己的意见。

其次，调整子女关系还应当注意尊重大学生的心理发展规律。大学生处于自我意识养成的时期，青年期的大学生更渴望自由和独立，尤其是在进入大学以后，绝大多数学生都会在较长的时间里远离父母，更多地与教师和同学相处。父母面对子女长时间的离开会有一定的不适应，应该及时调整自己的心态，认识到这是子女成长中必经的过程，放开对子女的约束和管教，让子女有更多的自我成长空间，并在子女需要时给予必要的帮助。

虽然大学生摆脱了高中时期高强度的学业压力，但进入大学依然需要学生处理好自己的学业问题。大学生活中更多的是学生自己对自己的调控，在这种依靠自律的环境下，如果父母对于学生学业有过多的说教，很容易使学生产生逆反的心理，更由于大学生活的自由度高、父母不在身边，子女的逆反心理很容易造成疏远学习、叛逆甚至形成网络沉迷。因此，面对大学生独特的生活环境，父母应当调节自己对子女的沟通行为，经常与孩子谈心，建立和谐的家庭环境。调查显示，娇宠型和专制型的教养方式都更容易使孩子迷恋网络，家长应该用良好的亲子关系促进大学生进行自我约束，调节生活状态、预防网络沉迷。

四、增加亲朋同侪社会支持

本书第二章论述的媒介系统依赖理论，从媒介生态环境的维度出发，立足于受众-媒介-社会三角结构关系检视大众传播效果，认为一种新的媒介在社会中站稳脚跟后，人与媒介之间就会形成一种依赖关系，这种关系具有双向性。以互联网为基本依托的现代传媒日益成为个人与社会联系的重要纽带，离开网络，现代人简直寸步难行。与现实人际交往相比，大学生更倾向在互联网营造的虚拟空间与人交往。可以说,互联网深度介入人与人、人与社会的联系,造成人们对社会交往缺乏亲历性,个人越来越孤立于社会,这种现象反过来又加剧了个人对网络的依赖。

社会支持有助于青少年的生活适应,改善其网络沉迷行为。

Suler 建议与学习和生活中的重要他人进行良好的沟通,来替代为了逃避压力而沉迷于网络世界中。如果身边的父母亲朋和同学能将网络沉迷者拉回现实的世界,协助他们在现实世界中找到兴趣和支持,可以帮助他们减缓重度网络使用的状况 [239]。

除了亲朋好友,社会支持还包括社会上众多不知名网友的互相提携和帮助。

Goldberg 于 1996 年在网络上成立了一个"网络沉迷支持团体"(Internet Addiction Support Group, IASG),希望通过支持团体的帮助,可以让更多的网络沉迷者得到帮助。

我国台湾学者陈淑惠针对网络沉迷倾向的学生,设计了一个以"改善人际互动"为目标的矫正治疗方案,针对高中生进行了为期六周的人际导向团体辅导。参与六周辅导的高中学生,调查显示其每周的上网时数比前测时减少了 14 小时,而且在人际及健康因素达到显著差异 [240]。此方案可以作为校园内可行的矫正方案。

第四节　自我教育路径

"90 后"大学生群体应该说是中国第一批接受和尝试网络普及化的群体。"我们是一群好奇的探险者,我们随着历史的进程率先接触到了网络这块新大陆。这是一片瑰丽壮观的奇景,也是一座错综复杂的迷宫。我们或结伴而行,或孤身只影,用自己的脚步探遍了这片大陆的每一个角落,幸运者找到了宝藏,也有人深陷泥沼。当网络世界的地图在我们手中日渐清晰完善之时,终于有人回首这一程的辛酸坎坷,喃喃自问:"我们是否该为后来者修一条路?至少在需要的地方树几块路标……"这就是网络素养教育的意义:它将为后来踏足网络迷宫的年轻人指引捷径、警示险途,带他们避开泥沼直达宝藏。

就网络素养本身而言,它包括两个方面——能力和道德。能力应当放在网络环境中靠时间和锻炼而来,譬如对网络工具的运用、对信息的理解分析与评价,这是无法仅凭理论经验的传授而达成的。现有的教育体制对这方面的作用尚算合格。而缺失的,更多的是对网络交流中法理与道德修养的教育。很显然，这不是网络本身能解决的问题。因为，道德修养是根植于人的观念中，作用在人与人的交往中的。所以，对道德教育，还是要切实地落在人身上，必须在青少年时期进行。在青少年的价值观与生存能力形成的过程中，我们应将道德与网络有机融合进去，使他们在网络环境中的行为准则与现实中相一致，而这一工作需要多方面的配合才能实现。

一、树立正确的网络观

网络的便利性、隐秘性、互动性、守门性低、匿名性、无疆域等特性，加上大学生发展阶段的心理特性和行为模式，使得大学生在接触网络信息及其他时更显复杂，潜藏着许多不可预知的风险及危机，带来许多社会问题。

Web2.0时代，是最大化张扬个性的时代，个人深度参与到互联网中，网络更加彰显它的"双刃剑"作用，网络通过交互性赋权青少年，给青少年提供一种主动接受坏影响的可能。而目前我国的网络素养教育尚处于自发状态。青少年并不是通过科学的媒介理论指导和系统的训练来获得网络素养的，而是在日常媒介接触经验的基础上，通过个人的自发理解和自觉感悟来培养他们自身的网络素养。这种自发状态的最直接结果就是导致青少年网络素养水平低、层次低[3]。

大学生上网引发的种种问题，网络素养教育缺位是症结所在。台北市教育局资讯室主任韩长泽表示，预防网络沉迷的方法，就是让青少年越早建立正确的使用网络的习惯越好[241]。

帮助身心发展未臻成熟稳定的大学生规避网络的负面影响，建立积极正向的网络使用态度，避免和预防网络所带来的危害和病症，已经成为大学生思想政治教育者的重要课题。

首先是提升大学生的信息素养。信息社会，信息易得性大大增强，困难的其实是辨识信息的价值和良莠，让信息有效地为我所用。"信息疲劳"一词第一次被大卫·申克在《数字迷雾》一书中提到，他认为，信息量在翻倍地增长，而人的处理信息的能力并没有改变。人们这种面对信息过剩现象而表现出来的缺乏处理、应对能力的现象就是"信息疲劳"。当代人根本记不住这些海量信息，更不要说思考、消化和理解它们。如今许多大学生热衷"浅阅读""读图"和碎片化阅读，对经典名著、哲学书籍的阅读失去兴趣，导致人的简单化和平面化。

信息素养指的是信息处理能力，就是对信息的吸收、选择、编码、存储、提取及应用的能力。一个拥有网络信息素养的大学生能够熟练应用各种信息处理技术，主动、快捷、定位准确地找到信息资源，对收集的资讯进行分类、鉴别、遴选、分析综合、抽象概括和准确表达，能够准确概述、综合、创新、表述和生成各种信息，能够通过网络交互工具进行快速有效的信息交流，对网络信息秉持理性的批判态度，能自觉抵御各种有害负面信息的侵袭和干扰。

其次是学会自我管理，认清网络社会的拟态环境本质。网络时代，"拟态环境"迅速逼真，大学生早已习惯于将这种网络拟态环境作为认知、了解社会的窗口和自身行为的重要参照。置身网络虚拟环境中，要求大学生放弃它显然是不可能的。网络素养教育强调的正是受众必须清楚地认识网络的根本属性，即再现事实的拟态环境属性，具有网络素养的大学生，就会学会自我管理，更加理智地看待网络。

调查表明，发邮件、聊天和玩游戏是大学生的主要网络行为。不能正确、有效地利用网络功能，无节制地接触网络，过度地依赖网络，不恪守适时、适量、适度原则，都是网络素养缺失的表现。大学生应该学会评估和管理自身的网络接触行为，管理自己上网的情绪、动机和时间，正确地接触网络。

最后是提高网络生产和传播能力。网络对人类传播方式进行着深刻的变革，网络信息"把关人"角色的去中心化及网络媒介受众传受一体的现象，对大学生的网络素养提出了更高要求。大学生应该成为新思想、新见解、新知识、新成果的生产者和传播者。具有较强的网络创新能力，要能够创造性地制作、深层次地加工、广泛地传播符合社会主流文化观念的新知识、新观点和新成果。

总之，随着信息时代网络发展的日新月异，大学生网络素养能力培养亦受重视。帮助身心发展未臻成熟稳定的大学生建立积极正向的网络使用态度，避免和预防网络所带来的危害和病症，有赖于网络素养教育者的指导和监督。

二、注重网络道德的内化

目前，大学生网络使用频繁，但网络的虚拟性极易引起大学生的行为失调、道德失范。因此，面对纷繁的网络世界，如果没有一个完整的、内化的网络道德体系做支撑，大学生很容易陷入网络世界的虚拟角色中形成网络沉迷。

本书第五章的实证研究结果也显示，大学生安全道德素养不仅对网络沉迷总体指数，而且对网络沉迷的各个沉迷症状都有很强的负向影响力，说明大学生安全道德素养越高，大学生沉迷网络的可能性越小。因此，加强大学生的网络安全道德素养十分有必要。

但是，要提升大学生的网络安全道德素养，需要大学生网络道德的内化和外化培养的共同作用。

从大学生自身来讲，网络道德的内化，首先要做到自爱、自律、自制。大学生首先要做到自爱，给自己充足的关注，爱护身体，珍惜名誉，恪守准则，对低俗、反动的信息要自觉抵制。其次，大学生还应当注重自律和自制。有意识地检视自身的行为举止和思想发展情况，树立中长期目标，并善于抵制那些与既定目标不相符的内容和行为，提高自我控制和管理的能力。最终将外在的道德要求内化，形成良好的自律能力，从而约束自己的行为。

外部环境也应当给予积极的支持和引导，帮助大学生网络道德的内化。结合大学生的学习、生活，这种支持和引导主要有三个方向，即教学引导、环境引导和实践引导。

（1）教学引导，即在学校教育的德育环节加强对大学生网络道德的思想政治教育。在教学过程中持续加强对健康的网络行为的引导，倡导学生遵守和维护网络秩序，按照道德准则规范自身的网络行为。结合学生实际，阐述网络道德的重要性并根据学生的具体情况予以贴心的关怀，塑造大学生对网络道德的良好认知，帮助学生认识及把握网络道德的基本行为规范，提高他们对网络中各类型信息的道德判断水平。

（2）环境引导，即通过塑造健康、文明、和谐的网络环境，积极帮助大学生网络道德的内化。借鉴传播学沉默的螺旋理论，我们可以清晰地认识到，个体的行为，尤其是网络行为，很容易受到集体的影响。当大多数人保持意见一致时，个体即使有不同看法，在表达意见时也趋向于沉默从而与集体保持一致。如此，与集体不一致的观念或行为就会趋向于沉默，集体的声音会越来越壮大，形成沉默的螺旋。一个积极向上的网络环境，就是帮助塑造大学生在上网过程中主流的网络使用氛围。因此，高校应当整合资源，统一管理，过滤不良信息，杜绝虚假信息、有害信息的传递，努力打造和谐健康的高校网络环境，为大学生提供良好的环境，引导预防大学生网络沉迷。

（3）实践引导，即通过引导大学生参与多种形式的网络道德实践，加深大学生对网络道德的认识，培养大学生在面临实际问题时独立正确的逻辑分析思考能力。课堂教学终究还是以实用为导向，通过在校期间的网络道德实践，让学生在接近真实的环境中观察自己的行为能力，从同伴的行为中检视自身行为，见贤思齐；同时，在实践中注重老师的引导，以教师的言传身教促进学生网络道德的内化，从而帮助大学生预防网络沉迷。

总之，大学生要清醒地认识到自身的责任及网络的两面性。在通过网络获取知识的同时，自觉抵制不良信息的侵蚀，如此才可使自己全面健康地发展。

笔者为大学生合理地利用网络提了几点要求：把网络作为课外学习的好帮手，多多利用网络来学习新知识；对反动、色情、迷信的信息，自觉地不看，不听，不信；不在网上发表不负责任的言论；利用计算机来休闲娱乐也要掌握"度"，尤其是不要沉迷于网络游戏；在接触网络的过程中进行内省和领悟；正确分析、理性选择各类网络信息，提高辨别真假网络信息的能力；养成良好的上网习惯，注意有规律地、正常地生活；提高网络安全意识、法律意识和政治意识；加强自身道德修养，提高免疫力。把网络作为一个学习的工具和获取知识的重要来源，作为一个实现终身教育的重要平台和载体。

三、加强网上行为自我约束能力

如前所述，本书将网络素养界定为：大学生应该具有的认识移动互联网络的特性及影响，适应移动网络技术的发展，对移动终端、移动网络和移动应用服务熟练使用与信息检索评估能力；能够进行安全而合乎伦理规范的使用；辩证地看待网络传播现象并对有害信息有一定的鉴别和规避能力；并利用移动网络让自身获得进步的综合素质与能力。所以说网络素养教育不能仅仅看作是对大学生信息技术素养提升的教育。在网络信息社会，仅有信息技术素养是不够的，还需要具有安全道德素养、互动创新素养、发布研究素养和自律批判素养，只有这些网络素养相辅相成和紧密配合，才能实现对于大学生网上行为的自我约束。

伴随着互联网发展成长起来的网络一代，对技术印象深刻，更容易接受和领悟新技术。和他们的父母、老师那一代相比，他们的生活更多地依赖于互联网。连接到互联网可以让他们完成几近全部的日常活动——无论是购物、去银行、学习、与家人保持联系、与朋友交往，还是抽出时间来玩游戏或听音乐等。然而，今天很多教育工作者口中所谓的"新文盲"恰恰正是网络一代，他们缺乏成为有判断力的消费者和信息伦理的生产者的能力。尽管互联网已成为日常信息获取的重要来源，人们也正变得越来越依赖互联网，然而对于网络联通性如何影响我们自身，对于网络素养不同维度的看法，以及我们对网络的接触行为如何影响未来知之甚少。众多研究表明，青年人在网上冲浪是容易暴露于各种潜在的危险之下的，包括可能会与危险的人相遇，接触到越轨的不良内容，与极端性暴力或种族歧视人员保持联系，不小心将隐私泄露给公共组织，受到多种广告开发商的操纵或误导购买商品等。大学生应加强对自己网上行为的约束能力，提高自身的网络素养水平。

教育部于 2009 年 11 月底发文，再次强调了抵制网络不良信息，加强网络素养教育的重要性和紧迫性。呼吁各地教育行政部门要引导学生正确对待网络虚拟世界，合理使用互联网和手机，提高对黄色网站、暴力和淫秽色情信息、不良网络游戏等危害性的认识，增强对不良信息的辨别能力，主动拒绝不良信息。防止网络沉迷和受到不良影响，努力约束自己的网上行为，在校园内和学生中形成自觉抵制网络不良信息的风气 [242]。

第五节　本 章 小 结

大学生对网络依赖程度的加强，会导致过分依赖媒介，处于被信息支配的境地，缺乏对自我需要的清醒认识和对信息的批判性审视，日渐沦为 mouse potato（"网虫"）、"低头一族"和"刷屏族"。近年来，对于互联网管理和青少年网络沉迷的预防，已经从以前对网络内容生产者的监督和规范，演变为了对网络内容消费者的引导和教育方面。目前，学界和教育界人士也普遍认为，网络素养教育不仅是一种更为有效的网络监管新举措，还是对青少年进行网络保护的长远之计。

通过前文对媒介依赖理论和大学生网络沉迷多因素影响综合模型的实证研究，笔者发现，任何单一角度的研究视角都不足以预防大学生网络沉迷的发生。大学生网络沉迷的发生，是社会环境、学校教育和家庭支持这些外因，性别、性格、学习成绩等个体差异这些内因，共同作用的结果。预防大学生网络沉迷问题需要各个层面的联动协调、共同推进。

本章结合模型，借鉴发达国家和地区网络素养教育经验，从社会教育路径、学校教育路径、家庭亲朋教育路径和自我教育路径四个方面，构建网络素养教育视角下的青少年网络沉迷综合防治与应对机制。通过加强网络素养教育，提高大学生对网络信息的辨识能力和合理使用网络的自控能力。

笔者相信，随着网络素养教育的全面开展，在多方的积极参与和通力合作下，我们可以将年轻受众培养塑造成有品位的传媒消费者——能够不沉迷于网络虚拟世界，并对网络内容进行独立自主、冷静客观和理性的分析批判，具备应付网络负面环境的能力。

参 考 文 献

［1］ Prensky M. Digital natives, digital immigrants. On the Horizon, 2001, 9（5）: 1-6.

［2］ von Dijk J. The Network Society. London: SAGE Publication Ltd, 1996.

［3］ 季宸东. 浅析青少年网络素养的现状与对策. 浙江传媒学院学报, 2007, 5: 23-25.

［4］ Jenkins H. Confronting the challenges of participatory culture: Media education for the 21st century. Chicago: MacArthur Foundation, 2007.

［5］ Anderson K J. Internet use among college students: An exploratory study. Journal of America College Health, 2001, 50（1）: 21-26.

［6］ Livingstone S, Helsper E. Gradations in digital inclusion: Children, young people and the digital divide. New Media&Society, 2007, 9（4）: 671-696.

［7］ Jones S, Johnson-yale C, Milermaier S, et al. U.S. college students' internet use: Race, gender and digital divides. Journal of Computer-Mediated Communication, 2009, 14（2）: 244-264.

［8］ Wright K B. Computer-mediated support groups: An examination of relationships among social support, perceived stress, and coping strategies. Communication Quarterly, 1999,（47）: 402-414.

［9］ Kraut R, Kiesler S, Boneva B, et al. Internet paradox revisited. Journal of Social Issues, 2002,（58）: 49-74.

［10］ Young K S, Rodgers R C. Internet addiction: Personality traits associated with its development. Paper presented at the 69th annual meeting of the Eastern Psychological Association, Bostin, 1998, 4.

［11］ Matheson K, Zanna M P. The impact of computer-mediated communication on self-awareness, Computers in Human Behavior, 1988, 4（3）: 221-233.

［12］ Shapira N A, Goldsmith T D, Keck P E, et al. Psychiatric features of individuals wih Problematic internet use. Journal of Affective Disorders, 2000, 57（1-3）: 267-272.

［13］ Treuer T, Fábián, Füredi J. Internet addiction associated with features of impulse control disorder: Is it a real Psychiatric disordrer? Journal of Affective Disoders, 2001,（66）: 283.

［14］ Gifford A. Emotion and self-control. Journal of Economic Behavior & Organization, 2002,

（49）：113-130.

[15] Gray J R.A bias toward short-term thinking in threat-related negative emotional states. Personality and Social Psychology Bulletin, 1999, （25）：65-75.

[16] Albrecht T L, Adelman M B. Communicating social support: A theoretical perspective// Albrecht L, Adelman M B. Communicating Social Support, 1987：18-39.

[17] Caplan S E. Preference for online social interaction: A theory of problematic internet use and psychosocial well-being. Communication Research, 2003, 30（6）：625-648.

[18] McClure C R. Network literacy: A role for libraries? Information Technology and Libraries, 1994, 13（2）：115-125.

[19] Livingstone S. Engaging with media—A matter of literacy? Communication, Culture& Critique, 2008, 1（1）：51-62.

[20] 齋藤長行, 吉田智彦, 赤堀侃司.青少年がインターネットを安全に安心して活用するためのリテラシー指標の開発と評価.日本教育工学会研究報告集, 2012,（3）：45-50.

[21] Association of Colleges and Research Libraries.Introduction to Information Literacy. http: // www.ala.org/ala/mgrps/divs/acrl/issues/infolit/overview/intro/index.cfm[2010-06-24].

[22] Kock N, Aiken R, Sundas C.Using complex IT in specific domains, developing and assessing a course for non-majors. IEEE Transactions on Education, 2002, 45（1）：50-56.

[23] Bailey J L, Stefaniak G.Preparing the information technology workforce for the new millennium.ACM SIGCPR Computer Personnel, 1999, 20（4）：4-15.

[24] Dupuis E. The information literacy challenge: Addressing the changing needs of our students. Internet Reference Services Quarterly, 1997,（2）：93-111.

[25] Chou C, Tsai C C, Chan P S. Developing a web-based two-tier test for internet literacy. British Journal of Educational Technology, 2007, 38（2）：369-372.

[26] Banta T W, Mzumara H R. Assessing information literacy and technological competence. Assessment Update, 2004, 16（5）：3-5.

[27] Tayie S, Pathak-Shelat M, Hirsjarvi I. Young people's interaction with media in Egypt, India, Finland, Argentina and Kenya. Comunicar, 2012,（39）：53-62.

[28] Akar-Vural R .How rural school children and teachers read TV dramas: A case study on critical media literacy in turkey. Urban Education, 2010, 45（5）：740-763.

[29] Hirsjajarvi I, Tayie S. Children and new media: Youth media participation.A case study of Egypt and Finland. Comunicar, 2011,（37）：99-108.

[30] Primack B A, Gold M A, Land S R, et al. Association of cigarette smoking and media

literacy about smoking among adolescents. Journal of Adolescent Health, 2006, 39（4）: 465-472.

［31］Scull T M, Kupersmidt J B, Erausquin J T. The impact of media-related cognitions on children's substance use outcomes in the context of parental and peer substance use. Journal of Youth and Adolescence, 2014, 43（5）: 717-728.

［32］Silverblatt A. Media Literacy in an Interactive age. http://xueshu.baidu.com/s?w d=paperuri%3A%287495e4e53bb8fa56c6c3af0584e63c89%29&filter=sc_long_ sign&sc_ks_para=q%3DMedia%20Literacy%20in%20the%20Digital%20Age&sc_ us=10666715622767620681&tn=SE_baiduxueshu_c1gjeupa&ie=utf-8.

［33］Choi J, Yi Y. The use and role of pop culture in heritage language learning: A study of advanced learners of korean. Foreign Language Annals, 2012, 45（1）: 110-129.

［34］Parry B. Popular culture, participation and progression in the literacy classroom. Literacy, 2014, 48（1）: 14-22.

［35］Falter M M. You are wearing kurt's necklace! the rhetorical power of glee in the literacy classroom. Journal of Adolescent & Adult Literacy, 2013, 57（4）: 289-297.

［36］Burnett C, Merchant G. Is there a space for critical literacy in the context of social media? English Teaching Practice and Critique, 2011, 10（1）: 41-57.

［37］Hobbs R. Improvization and strategic risk-taking in informal learning with digital media literacy. Learning Media and Technology, 2013, 38（2）: 182-197.

［38］Barcelona, Tejedor S, Pulido C. Challenges and risks of internet use by Children. How to Empower Minors? Comunicar, 2012, 39: 65-72.

［39］Scheibe C L. A deeper sense of literacy - curriculum-driven approaches to media literacy in the K-12 classroom. American Behavioral Scientist, 2004, 48（1）: 60-68.

［40］Wilson C. Media and information literacy: Pedagogy and possibilities. Comunicar, 2012,（39）: 15-22.

［41］Mokhtar I A, Foo S, Majid S, et al. Information literacy education: Applications of mediated learning and multiple intelligences. Library & Information Science Research, 2008,（3）: 195-206.

［42］Hobbs R. The seven great debates in the media literacy movement. Journal of Communication, 1998, 48（1）: 16-32.

［43］Buckingham D. "Creative" visual methods in media research: Possibilities, problems and proposals. Media Culture & Society, 2009, 31（4）: 633.

［44］Meyrowitz J .Multiple media literacies. Journal of communication，1998，48（1）：96-108.

［45］Pérez V G. Educación para la ciudadanía democrática en la cultura digital Education for Democratic Citizenship in a Digital Culture.Comunicar，2011（36）：131-138.

［46］Nikken P，Jansz J. Developing scales to measure parental mediation of young children's internet use. Learning Media and Technology，2014，39（2）：250-266.

［47］Griffiths M D. Gambling on the internet：A brief note. Journal of Gambling Studies，1996，12：471-473.

［48］Lemon J. Can we call behaviors addictive? Clinical Psychologist，2002，6：44-49.

［49］Goldberg I. Internet addiction disorder. http://www.cog.brown.edu/brochure/people/duchon/humor/internet.addiction.html [2007-05-07].

［50］Hall A S，Parsons J. Internet addiction：College student case study using best practices in cognitive behavior therapy. Journal of Mental Health Counseling，2001，23（4）：312.

［51］Young K S. Internet can be as addicting as alcohol，drugs and gambling. http：//www.apa. org /eleases/internet.html[2000-10-30].

［52］Young K S. Internet addiction：The emergence of a new clinical disorder. Cyber Psychology & Behavior，1998，1（3）：237-244.

［53］Beard K W. Internet addiction：Current status and implications for employees. Journal of Employment Counseling，2002，（39）：2-11.

［54］Niemz K，Griffiths M，Banyard P. Prevalence of pathological internet use among university students and correlations with self-esteem，the general health questionnaire（ghq），and disinhibition. Cyber Psychology & Behavior，2005，8（6）：562-570.

［55］Caplan S E. Theory and measurement of generalized problematic internet use：A two-step：Approach.Computer in Human Behavior，2010，26（5）：1089-1097.

［56］遠藤美季，墨岡孝．ネット依存から子どもを救え．东京：光文社，2014.

［57］Suler J R. Internet Addiction. http：//www.rider.edu/users/suler/psycyber/ausinterview.html [1999-11-11].

［58］Young K S，Rogers R C. The relationship between depression and internet addition.Cyber Psychology & Behavior，1998，1（1）：25-28.

［59］Davis R A. A cognitive-behavioral model of pathological internet use. Computer in Human Behavior，2001，（18）：553-575.

［60］谢延明.关于网络成瘾对人的心理影响的研究.西南民族学院学报（哲学社会科学版），2002，5：150-157.

［61］张芝.不同成瘾状态大学生网络使用者的认知心理特征研究.浙江大学博士学位论文，2008.

［62］李瑛.大学生网络使用行为、成瘾状况与人格特质及社会支持的相关研究.陕西师范大学硕士学位论文，2003.

［63］党伟，戴秀英.大学生网络成瘾与认知功能的相关研究.宁夏医学院学报，2006，2：106-108.

［64］林绚晖，阎巩固.大学生上网行为及网络成瘾探讨.中国心理卫生杂志，2001，4：281-283.

［65］谭文芳.大学生网络使用动机、人格特征与网络成瘾之关系研究.中国健康心理学杂志，2006，3：245-247.

［66］林伟，黄子杰，林大熙.医学生网络使用情况及其与情绪状态的相关分析.中国心理卫生杂志，2004，18：501-503.

［67］郑希付.认知干扰还是情绪干扰：病理性网络使用大学生的内隐心理特点比较.心理学报，2008，8：920-926.

［68］魏龙华.上海大学生网络使用调查及网络成瘾个案研究.华东师范大学硕士学位论文，2003.

［69］章流洋，赵楠，王振峰，等.高校大学生网络使用风险识别模糊综合评价及控制.科技信息，2013，21：1-2.

［70］吴腾蛟，郭昀.大学生网络使用状况及安全意识研究.科技创新导报，2013，7：187-189.

［71］陈晨.大学生网络使用与社会支持相关性研究——基于国内五城市的实证分析.中国青年政治学院硕士学位论文，2012.

［72］梁艳.大学生网络使用者虚拟幸福感及其与在线社会支持的关系研究.西南大学硕士学位论文，2008.

［73］刘璐，方晓义，张锦涛，等.大学生网络成瘾：背景性渴求与同伴网络过度使用行为及态度的交互作用.心理发展与教育，2013，4：424-433.

［74］张锦涛，陈超，刘凤娥，等.同伴网络过度使用行为和态度、网络使用同伴压力与大学生网络成瘾的关系.心理发展与教育，2012，6：634-640.

［75］许毅.病理性网络使用大学生的自我控制能力研究.西南大学硕士学位论文，2006.

［76］杨学玉.大学生网络使用情况调查与分析.教育教学论坛，2014，4：5-7.

［77］曹荣瑞，江林新，廖圣清，等.上海市大学生网络使用状况调查报告.新闻调查档案，2012，4：58-63.

［78］昌灯圣，昝玉林.当代大学生网络使用特征透视.吉林省教育学院学报，2015，9：26-28.

［79］胡翼青，殷慧娴.互联网上的使用与满足———一项关于大学生网络使用的实证研究.广播电视大学学报（哲学社会科学版），2015，9：26-28.

［80］肖乃涛.大学生网络即时通讯工具使用与满足模型研究.武汉科技学院硕士学位论文，2007.

［81］韦路，余璐，方莉琳.“网络一代”的数字不均：大学生多模态网络使用、政治知识和社会参与.中国地质大学学报（社会科学版），2011，5：90-96.

［82］卜卫.论媒介教育的意义、内容和方法.现代传播，1997，1：29-33.

［83］陈华明，杨旭明.信息时代青少年的网络素养教育.新闻界，2004，4：32-33.

［84］郑春晔.青年学生网络素养现状实证研究.当代青年研究，2005，6：31-35.

［85］贝静红.大学生网络素养实证研究.中国青年研究，2006，2：17-21.

［86］黄映玲，薛胜兰.大学生网络素养的抽样调查与分析.湖北广播电视大学学报，2009，3：32-33.

［87］丁翠玲，刘斌.大学生媒介素养概论.北京：北京师范大学出版社，2010.

［88］蒋宏大.大学生网络媒介素养现状及对策研究.中国成人教育，2007，10：52-53.

［89］彭兰.网络社会的网民素养.国际新闻界，2008，12：65-70.

［90］Leung L. Effects of internet connectedness and information literacy on quality of life.Social Indicators Research，2010，98（2）：273-290.

［91］黄永宜.浅论大学生的网络媒介素养教育.新闻界，2007，3：38-39.

［92］黄建军.网络素养教育互动教学设计.今传媒，2008，2：74-75.

［93］吴鹏泽.基于网络学习平台的媒体素养提高策略.华南师范大学学报（社会科学版），2009，1：111-113，129.

［94］周荣，周倩.网路上瘾现象、网路使用行为与传播快感经验之相关性初探.中华传播学会学刊，1997，12: 2-12.

［95］白羽，樊富珉.大学生网络依赖及其团体干预方法.青年研究，2005，5：42-49.

［96］林以正.网路人际互动对网络沉迷的影响.台北：“台湾行政院国家科学委员会”专案研究计划成果报告，2001.

［97］范杰臣.高中生人际互动与社会支持对网络沉迷之影响——以桃园县某高中为例.私立元智大学硕士学位论文，2003.

［98］Yang S C，TungC J. Comparison of internet addicts and non-addicts in taiwanese high school. Computer in Human Behavior，2007（23）：79-96.

［99］陈淑惠.网络沉迷现象的心理需求与适应观点研究：网络成瘾、压力与心理症状之关联探讨.台北：“台湾行政院国家科学委员会”专案研究计划成果报告，2001.

［100］陈淑惠.探问网际网络中的青少年——兼谈青少年网络成瘾的可能机制 // 台湾淡江大学教育心理与咨商研究所.青少年网路成瘾行为探讨研讨会，2002.http://www.docin.com/p-8190767.html.

［101］彭淑芸，饶培伦，杨锦洲.网路沉迷要素关联性模型之建构与分析.台湾师范大学学报，2004，2：67-84.

［102］卢浩权.青少年网络沉迷现象与生活压力、负面情绪之相关研究——以台中市高中生为例.静宜大学青少年儿童福利研究所硕士学位论文，2004.

［103］Leung L. Net-generation attributes and seductive properties of the internet as predictors of online activities and internet addiction. Cyber Psychology & Behavior，2004，（7）：333-348.

［104］董洁如.高中学生网路使用动机、使用行为、个人特性与网路沉迷的现象之初探.台湾中山大学，2002.

［105］陈冠名.青少年网路使用行为及网路沉迷的因素之研究.台湾高雄师范大学硕士学位论文，2004.

［106］刘昌.未成年人网游成瘾综合防治工程工作方案发布实施.http://www.china.com.cn/education/news/2013-02/18/content_27983656.html.

［107］杨金海.马克思主义研究资料.第1卷.《德意志意识形态》研究.北京：中央编译出版社，2014.

［108］马克思.1844年经济学哲学手稿.北京：人民出版社，2000.

［109］马克思，恩格斯.马克思恩格斯文集.第1卷.中共中央马克思恩格斯列宁斯大林编译局译.北京：人民出版社，2009.

［110］马克思.1844年经济学哲学手稿.中共中央马克思恩格斯列宁斯大林编译局译.北京：人民出版社，2000.

［111］弗洛姆.健全的社会.孙恺祥译.北京：中国文联出版社，1998.

［112］马尔库塞.单向度的人——发达工业社会意识形态研究.刘继译.上海：上海译文出版社，2014.

［113］让·鲍德里亚.消费社会.刘成富，全志钢译.南京：南京师范大学出版社，2000.

［114］马克思，恩格斯.马克思恩格斯全集.第21卷.中共中央马克思恩格斯列宁斯大林编译局译.北京：人民出版社，2003.

［115］马克思，恩格斯.马克思恩格斯全集.第46卷下.中共中央马克思恩格斯列宁斯大林编译局译.北京：人民出版社，1972.

［116］马克斯·霍克海默，西奥多·阿道尔诺.启蒙辩证法.渠敬东，曹卫东译.上海：上海人民出版社，2006.

［117］尼尔・波斯曼.通往未来的过去:与十八世纪接轨的一座新桥.吴韵仪译.台北:台湾商务印书馆,2000.

［118］燕鹏飞.自媒体环境中人的异化问题探析.沈阳师范大学硕士学位论文,2016.

［119］肖静.新媒介环境中人的异化.当代传播,2007,5:64-65.

［120］张咏华.一种独辟蹊径的大众传播效果理论——媒介系统依赖论评述.新闻大学,1997,1:27-31.

［121］鲍尔・洛基奇,郑朱泳.从"媒介系统依赖"到"传播机体"——"媒介系统依赖"发展回顾及新概念.国际新闻界,2004,2:9-12.

［122］吴明隆.SPSS统计应用实务.北京:中国铁道出版社,2000.

［123］陈炳男.国小学生网路素养及其相关因素之研究.台湾屏东师范学院国民教育研究所硕士学位论文,2002.

［124］刘宏慈.国小高年级学童家长之网路素养与教养方式对网路管教行为之影响.台湾屏东科技大学技术及职业教育研究所硕士学位论文,2008.

［125］刘子利,徐锦兴,蔡存裕.国小学童网路成瘾及网路素养现况之研究.人文社会科学研究,2010,3:13-49.

［126］周高琴,谭科宏.移动互联网时代大学生网络素养研究.新闻前哨,2015,12:51-53.

［127］Dunn K. Assessing information literacy skills in the california state university: A progress report. The Journal of Academic Librarianship, 2002, 28(1):26-35.

［128］University of Albany. State university of new york.information literacy courses. Retrieved. http://www.albany.edu./gened/cr_infolit.shtml.

［129］张敬芝.大学生网络信息素养教育问题研究.长春师范学院学报,2006,6:111-114.

［130］胡纬华,吴晓伟,娜日.网络环境下大学生信息素养现状的实证研究.现代情报,2010,8:135-140.

［131］娜日,吴晓伟,吕继红.基于层次分析和模糊综合评判的网络信息素养评价.情报杂志,2011,7:81-84.

［132］马费成,丁韧,李卓卓.案例研究:武汉地区高校学生信息素养现状分析.图书情报知识,2009,1:24-29.

［133］李智晔.大学生网络信息素养的培养机制与方法.情报科学,2005,5:678-681.

［134］王厚奎,冼伟铨.从高校网络信息安全谈提升高校教师网络信息安全素养.科协论坛(下半月),2010,12:161-162.

［135］刘春艳,龚成,王慧芳.当代大学生网络信息安全认知调查分析.中国电力教育,2013,32:226-227.

［136］高东怀，蔡华，董李鹏，等.学生网络信息安全素养评价量表设计.中国医学教育技术，2013，2：173-177.

［137］龚成，李成刚.浅析大学生的网络信息安全素养——从面向客体、构成要素和主体责任的角度.教育探索，2013，6：134-135.

［138］罗力.社交网络中用户个人信息安全保护研究.图书馆学研究，2012，14：36-40.

［139］刘枫.大学生信息安全素养分析与形成.计算机教育，2010，21：77-80.

［140］鲁卫平.大学生网络道德研究.西北工业大学硕士学位论文，2004.

［141］叶通贤，周鸿.大学生网络道德失范的行为及其对策研究.河北师范大学学报（教育科学版），2009，2：71-74.

［142］李雅梅.网络道德问题研究综述.道德与文明，2011，3：152-157.

［143］肖立新，陈新亮，张晓星.大学生网络素养现状及其培育途径.教育与职业，2014，3：177-179.

［144］张卫.大学生网络道德教育问题及对策研究.苏州大学硕士学位论文，2008.

［145］陈泳.论大学生网络信息素养的培养.淮南师范学院学报，2006，4：77-80.

［146］王婷婷，易梦春，陈馨.网络情境下大学生批判性思维的运用——以厦门大学为例.长沙大学学报，2015，3：129-131.

［147］董伟建.认知·批判·实践——三位一体的大学生网络素质教育模式.湖北民族学院学报（哲学社会科学版），2008，3：125-129.

［148］郭荣梅.论大学生网络媒介自主批判能力的培养.学校党建与思想教育，2011，31：60-61.

［149］高丹.大学生网络学习行为调查与研究.华中师范大学硕士学位论文，2008.

［150］谢幼如，刘春华，朱静静，等.大学生网络学习自我效能感的结构、影响因素及培养策略研究.电化教育研究，2011，10：30-34.

［151］李玉斌，严雪松，姚巧红，等.网络学习行为模型的建构与实证——基于在校大学生的调查.电化教育研究，2012，2：39-43.

［152］方紫薇.网路沉迷、因应、孤寂感与网路社会支持之关系：男女大学生之比较.教育心理学报，2010，4：773-797.

［153］陈淑惠.我国学生电脑网络沉迷现象之整合研究.台北："行政院国家科学委员会"专题研究计划成果报告，1999：9.

［154］孙丽.网络沉迷行为的人性论分析.理论界，2011，8：123-125.

［155］Griffiths M. Internet addiction：Does it really exist//Gackenbach J. Psychology and the Internet：Intrapersonal, Interpersonal, and Transpersonal Implications. New York: Academic

Press，2006.

［156］Chou C，Hsiao M C. Internet addiction usage，gratification and pleasure experience：the taiwan college student's case. Computer & Education，2000，35（1）：65-80.

［157］陈淑惠，翁俪祯，苏逸人，等.中文网络成瘾量表之编制与心理计量特性研究.中华心理学刊，2003，30：279-294.

［158］Young K S. Caught in the Net：How to Recognize the Signs of Internet Addiction and A Winning Strategy for Recovery. New York：Wiley，1998.

［159］Bianchi A，Phillips J G. Psychological predictors of problem mobile phone use. Cyber Psychology & Behavior，2005，8：39-51.

［160］Dillman R A. Mail and Telephone Surveys. New York：Wiley，1978.

［161］Schwab D P. Construct validity in organizational behavior. Research in Organizational Behavior. 1980，2：3-43.

［162］Salant P，Dillman D A.How to Conduct Your Own Survey. New York：John Wiley & Sons，1994.

［163］Berdie D R. Reassessing the value of high response rates to mail surveys. Marketing Research，1989，1（9）：52-64.

［164］Bryman A，Cramer D. Quantitative Data Analysis with Spss for Windows.New York：Routledge，1997.

［165］Comrey A L.Factor analytic methods of scale development in personality and clinical psychology. Journal of Consulting and Clinical Psychology，1988，（56）：754-761.

［166］Tinsley H E A，Tinsley D J.Uses of factor analysis in counseling psychology research. Journal of Counseling Psychology，1987，（34）：414-424.

［167］吴明隆.问卷统计分析实务——SPSS 操作与应用.重庆：重庆大学出版社，2010.

［168］DeVellis R F. Scale Development Theory and Applications. London：SAGE，1991.

［169］Nunnally J C. Psychometric Theory. New York：McGraw-Hill，1978.

［170］闵庆飞.中国企业 ERP 系统实施关键成功因素的实证研究.大连理工大学博士学位论文，2005.

［171］程毛林.城镇生态系统的因子分析.数理统计与管理，2002，1：19-24.

［172］何晓群.多元统计分析.北京：中国人民大学出版社，2004.

［173］Gay L R.Educational Research Competencies for Analysis and Application. New York：Macmillan，1992.

［174］Beniler P M，Chou C P. Practical issues in structurral modeling. Sociological Methods and

Research, 1987, 16 (8): 78-117.

[175] 贾俊平,何晓群,金勇进.统计学.北京:中国人民大学出版社,2012.

[176] 张扬.基于SNS平台的高校思想政治教育创新机制研究.辽宁农业职业技术学院学报,2016,1:34.

[177] 代宝,刘业政.SNS用户信息行为的影响因素研究综述.情报科学,2016,6:170.

[178] 尼葛洛庞帝.数字化生存.胡泳,范海燕译.海口:海南出版社,2004.

[179] 王亮.SNS社交网络发展现状及趋势.现代电信科技,2009,6:11.

[180] 尼尔·波兹曼.娱乐至死.章艳译.南宁:广西师范大学出版社,2009.

[181] 尼尔·波兹曼.技术垄断:文化向技术投降.何道宽译.北京:北京大学出版社,2007.

[182] 秦继伟.当代大学生网络自律意识教育研究.湖南师范大学博士学位论文,2013.

[183] 苗力田.德性就是力量——从自主到自律.上海:上海人民出版社,2003.

[184] 王中军.网络文明建设中网民自律培育研究.中南大学博士学位论文,2010.

[185] 丹尼斯·麦奎尔.麦奎尔大众传播理论.北京:清华大学出版社,2006.

[186] 曹进.网络时代批判的受众与受众的批判.现代传播,2008,6:103-105.

[187] 杨晓慧.当代大学生生活方式问题及对策研究.东北师范大学学报,2006,6:189-193.

[188] 胡岚.大学生网络成瘾倾向与生活事件、应对方式、社会支持的关系研究.浙江大学硕士学位论文,2005.

[189] Woochun J.An analysis study on correlation between internet addiction and parent types. The International Journal of Internet, Broadcasting and Communication, 2016, 8: 69-72.

[190] Zhang H M, JiaY Y, Ning L.The effects of family factors on coping style of hospitalized adolescent with internet addiction disorder. Chinese Journal of Drug Dependence, 2015, 2: 224-228.

[191] 杨松雷.大学生网络成瘾原因及对策分析.重庆邮电大学学报,2008,6:20.

[192] 庞跃辉.从哲学角度审视网络社会.唯实,2001,1:8-12.

[193] 安哲峰.大学生信息技术素养测验的初步编制.科教导刊,2014,2:51-52.

[194] 孟晓.网络成瘾的界定及其成因分析.中国特殊教育,2006,1:78-82.

[195] 梅松丽.大学生网络成瘾的心理机制研究.吉林大学博士学位论文,2008.

[196] 朱力.社会问题概论.第3版.北京:社会科学文献出版社,2003.

[197] 陈士林,施敏锋.大学生沉迷网络的原因及对策.西安欧亚学院学报,2006,1:51-55.

[198] 高鸣,成科扬.大学生网络游戏沉迷分析及有效干预.中国高等教育,2007,21:26-28.

［199］钱铭怡，章晓云，黄峥，等.大学生网络关系依赖倾向量表（IRDI）的初步编制.北京大学学报，2006，6：802-806.

［200］牟苏.大学生网络成瘾与孤独感的相关研究.四川师范大学硕士学位论文，2011.

［201］王国珍.网络素养教育视角下的未成年人网瘾防治机制探究.新闻与传播研究，2013，9：82-96.

［202］李月莲.香港传媒教育运动："网络模式"的新社会运动.新闻学研究（台湾），2002，71：107-131.

［203］The Internet Safety Group.Netsafe.http：//www.netsafe.org.nz/.

［204］ACMA.Cysmart.http：//www.cybersmart.gov.au/.

［205］Industry Canada（IC）.Cyberwise Strategy.http：//www.ic.gc.ca/eic/site/smt-gst.nsf/eng/sf06431.html.

［206］Ministry of Education. Cyber Wellness Portal.http：//ict.moe.edu.sg/cyberwellness/index.html.

［207］OECD.The Protection of Children Online：Risks Faced by Children Online and Policies to Protect them，2012. http://www.oecd.org/sti/ieconomy/childrenonline_with_cover.pdf.

［208］EC. Empowering and Protecting Children online，2010. https://www.itu.int/council/groups/wg-cop/first-meeting-march-2010/Safer%20Internet%20Programme_2010.pdf.

［209］王国珍.新加坡的网络监管和网络素养教育.国际新闻界，2011，10：122-127.

［210］栾静均.韩国网络监管对中国网络监管的启迪意义.今传媒，2015，1：29-30.

［211］黄楚新.我国网络行业管理存在的问题及对策.http://www.qstheory.cn/zhuanqu/bkjx/2015-04/30/c_1115142271.htm [2015-04-30].

［212］赵国庆."互联网＋教育"：机遇挑战与应对.中国科技奖励，2015，(8):39-41.

［213］洛厄里，德弗勒.大众传播效果研究的里程碑.刘海龙译.北京：人民大学出版社，2004.

［214］何巍.网络新媒体与大学生媒介素养教育.学理论，2012，13：273-274.

［215］李燕，袁逸佳，陈艺贞."互联网＋"时代大学生网络素养提升的多维路径探析.黑龙江教育（高教研究与评估），2016，3：83-84.

［216］刘红霞.浅谈高校数字图书馆建设的现实问题及发展策略.制造业自动化，2011，3：185-186，212.

［217］田国良.我国数字图书馆应当由谁来管.中国图书馆学报，2007，2：99-102.

［218］郑燕平.我国数字图书馆建设模式发展研究.图书情报工作，2012，1：39-42，38.

［219］陆宝益，陈雅，郑建明.我国高校数字化图书馆建设宏观模式取向研究.中国图书馆

学报，2006，6：49-52.

[220] 陈源蒸．数字图书馆非图书馆．大学图书馆学报，2005，4：2-8.

[221] 范并思．云计算与图书馆：为云计算研究辩护．图书情报工作，2009，11：5-9.

[222] 方海涛，周钰．论高校教师的网络媒介素养．黑龙江教育（高教研究与评估），2013，11：46-48.

[223] 中华人民共和国教育部．教育部关于印发"教育信息化'十三五'规划．的通知"．http：//www.moe.edu.cn/srcsite/A16/s3342/201606/t20160622_269367.html[2016-06-07].

[224] 李斌．武汉市属高校教师网络素养的现状分析及教育构想．软件导刊（教育技术），2010，9：40-41.

[225] 周芬芳．高校学生网络媒介素养现状及提升策略研究．华东师范大学硕士学位论文，2008.

[226] 张学波．国际媒体教育发展综述．比较教育研究，2005，4：73-76.

[227] 中华人民共和国教育部．教育部关于印发"教育部2016年工作要点"的通知．http://www.moe.gov.cn/srcsite/A02/s7049/201602/t20160205_229509.html [2016-02-26].

[228] 共产党员网．习近平在全国高校思想政治工作会议上强调：把思想政治工作贯穿教育教学全过程 开创我国高等教育事业发展新局面．http://news.12371.cn/2016/12/08/ARTI1481194922295483.shtml [2016-12-08].

[229] 人民日报评论员．沿用好办法改进老办法探索新办法——三论学习贯彻习近平总书记高校思想政治工作会议讲话．人民日报，2016-12-11：1.

[230] 中华人民共和国教育部．教育系统积极开展2016年国家网络安全宣传周活动．http://www.moe.gov.cn/jyb_xwfb/gzdt_gzdt/s5987/201609/t20160920_281723.html [2016-09-20].

[231] Tacchi J A. Voice and Poverty. Media Development，2008，（1）：12-16.

[232] Hobbs R. The seven great debates in the media literacy movement. Journal of Communocation，1998，1：16-32.

[233] Livingstone S. Media literacy and the challenges of new communication technologies. Communication Review，2004，（7）：3-14.

[234] Aufderheide P. Media literacy：A report of the national leadership conference on media literacy.Washington：Aspen Institute，1993.

[235] 郑素侠．参与式传播在农村留守儿童媒介素养教育中的应用．新闻与传播研究，2014，4：86.

[236] Parsons R J. Empowerment for role alternatives for low income minority girls：A group work approach// Lee J A B. Group Work With the Poor and Oppressed. New York：The Haworth

Press，1988.

［237］中国大学生在线. 教育部思想政治工作司关于培育建设大学生网络文化工作室的通知.
http://uzone.univs.cn/blog_1476458_hzhaznxp30kbbd0axp31.html[2014-07-04].

［238］卢丽卉. 台北地区高中职学生网路成瘾行为及其相关背景因素之探讨. 台湾政治大学
硕士学位论文，2001.

［239］Suler J. Computer and Cyberspace Addiction. International Journal of Applied
Psychoanalytic Studies, 2004，1：359-362.

［240］陈淑惠. 网络沉迷现象的心理需求与适应观点研究：网路沉迷学生之心理治疗研
究. 台北：台湾行政院国家科学委员会专案研究计划成果报告，2002.

［241］罗希哲. 国小高年级学童家长之网路素养与教养方式. 台湾屏东科技大学硕士学位论
文，2008.

［242］中华人民共和国中央人民政府. 教育部关于加强中小学网络道德教育抵制网络不良信
息的通知 .http://www.gov.cn/zwgk/2010-01/22/content_1516995.html[2010-01-13].

附录　大学生网络素养对网络沉迷影响的调查问卷

同学：您好！本次问卷完全服务于学术研究，问卷采取匿名形式，请如实作答。感谢您的热心协助，希望在我们的共同努力下，可以使本研究对学术有所贡献。

一、大学生网络使用情况调查

1.您使用网络（包括台式计算机、平板电脑、笔记本电脑、智能手机等）有多长时间了？

（1）少于1年　（2）1～2年　（3）3～6年　（4）7年及以上

2.您上网最主要的任务是：

（1）学习　　（2）工作或社团活动　　（3）娱乐休闲

3.最近3个月您在以下哪些地方使用过网络？（可多选）

（1）宿舍　（2）工作或学习场所　　（3）学校机房

（4）网吧　（5）其他公共场所　　（6）家庭

4.包括零碎的上网时间在内，上周您总共花费了多长时间来上网？

（1）没有上网　（2）1～2小时　（3）3～6小时　（4）7～10小时

（5）11～20小时　（6）21～30小时　（7）30～50小时　（8）多于50小时

5.对于"网络可以帮助个人实现目标"的以下观点，您的态度是什么？

	非常不同意	不同意	不确定	同意	非常同意
（1）使您在一些您个人关心的事件上保持优先或优势地位	1	2	3	4	5
（2）展示自我或表达自己的观点	1	2	3	4	5
（3）完成学习或生活中的一些挑战和任务	1	2	3	4	5
（4）在如何与他人相处方面获得建议	1	2	3	4	5
（5）自我娱乐和消遣	1	2	3	4	5
（6）社交活动和结交新朋友	1	2	3	4	5

6.您参与或使用下述网络活动的频率是怎样的？

	从不	很少	有时	经常	非常频繁
（1）搜索信息或使用学习资源	1	2	3	4	5
（2）使用即时通信设备（如QQ、微信等）	1	2	3	4	5
（3）在线收听、观看或下载音视频	1	2	3	4	5
（4）使用社交网站（如微博、微信等）	1	2	3	4	5
（5）浏览新闻、论坛等	1	2	3	4	5
（6）网络游戏	1	2	3	4	5
（7）网上购物	1	2	3	4	5

7. 权衡网络利弊，您认为网络对您的总体影响是积极的还是消极的？

（1）非常消极 （2）比较消极 （3）中性 （4）比较积极 （5）非常积极

8. 在下列假设情况下，您的个人态度是怎样的？

（"1"代表完全不想，"10"代表非常想念，1～10分数越高，表示想念程度越高）

假设情况	分数越高，表示想念程度越高
（1）如果让您不随身携带手机或者笔记本电脑，您的想念程度是	1 2 3 4 5 6 7 8 9 10
（2）假设您身边没有了网络，您的想念程度是	1 2 3 4 5 6 7 8 9 10

二、大学生网络沉迷情况调查

题目内容	极不符合	不符合	符合	非常符合
1. 我只要有一段时间没上网，就会觉得心里不舒服。	1	2	3	4
2. 我发现自己上网的时间越来越长。	1	2	3	4
3. 网络断线或接不上时，我觉得自己坐立不安。	1	2	3	4
4. 不管再累，上网时总觉得很有精神。	1	2	3	4
5. 其实我每次都只想上一会儿网待一下子，但经常一上就很久。	1	2	3	4
6. 虽然上网对我日常人际关系造成负面影响，我仍未减少上网。	1	2	3	4
7. 我没有因为上网（包含写作业及玩乐），而减少睡眠。***	1	2	3	4
8. 从上学期以来，平均而言我每周上网时间比以前增加许多。	1	2	3	4
9. 我只要有一段时间没有上网就会情绪低落。	1	2	3	4
10. 我不能控制自己上网的冲动。	1	2	3	4
11. 发现自己专注于网络而减少了与身边朋友的互动。	1	2	3	4
12. 我曾因为上网而腰酸背痛，或有其他身体不适。	1	2	3	4
13. 我每天早上醒来，第一件想到的事就是上网。	1	2	3	4
14. 上网对于我的学业或工作已造成一些负面的影响。	1	2	3	4
15. 我只要有一段时间没有上网，就会觉得自己好像错过什么。	1	2	3	4
16. 因为上网的关系，我和家人的互动减少了。	1	2	3	4
17. 因为上网的关系，我平常休闲活动的时间减少了。	1	2	3	4
18. 没有网络，我的生活就毫无乐趣可言。	1	2	3	4
19. 上网对我的身体健康没有造成任何负面的影响。***	1	2	3	4
20. 我曾试过想花较少的时间在网络上，但却无法做到。	1	2	3	4
21. 我习惯减少睡眠时间，以便能有更多时间上网。	1	2	3	4

续表

题目内容	极不符合	不符合	符合	非常符合
22. 比起以前，我必须花更多的时间上网才能达到满足。	1	2	3	4
23. 我曾因为上网而没有按时进食。	1	2	3	4
24. 我曾因为熬夜上网而导致白天精神不振。	1	2	3	4

***处数据处理时需要反转。

三、大学生网络素养情况调查

以下题目中，请在符合你的情况的数字上打钩。

题目内容	非常不同意	不同意	同意	非常同意
1. 我会并且能够准确地使用高级检索方式进行信息的检索。	1	2	3	4
2. 我能很好地规划并控制自己每天使用网络的时间，即使没有网络，也不会对我的学习、生活、工作产生太大的影响。	1	2	3	4
3. 我能够在互联网上搜索到自己所需要的、准确匹配的信息。	1	2	3	4
4. 我能够运用互联网快速地获取自己所需要的信息。	1	2	3	4
5. 我有属于自己的主页并且能够定期、熟练地使用它（包括人人、微博、QQ空间、博客等）。	1	2	3	4
6. 我能通过文本、多媒体等多种方式设计和发表自己的观点和创意。	1	2	3	4
7. 我能够客观、审慎、准确地评价信息的来源、内容是否真实、准确、可靠，不盲目采用信息。	1	2	3	4
8. 我对于网络上兴起的各种舆论能保持客观冷静的态度，持观望状态，不轻易跟随任何一种观点。	1	2	3	4
9. 对于我不喜欢的老师或同学，我会把他的照片或电话挂在网上，开他的玩笑。***	1	2	3	4
10. 我认为及时注意电脑的运行状态，随时更新系统和杀毒软件是很必要的。	1	2	3	4
11. 我在网络交往中一直遵守现实社会交往中的规范和伦理，从没有通过网络做出损害他人利益或对他人造成不良影响的行为。	1	2	3	4
12. 网络和真实世界一样，需要注意自身言行，讲文明礼貌。	1	2	3	4
13. 当我在网上遇到如色情、暴力、反动等不良信息后会及时关闭网页，并不受其影响。	1	2	3	4

续表

题目内容	非常不同意	不同意	同意	非常同意
14. 如果网络上有人和我意见不合，我会理智地和他沟通，不会动怒，如果他说了一些不好听的话，我也不会和他对骂。	1	2	3	4
15. 我认为非法截取他人信息、非法破坏他人网站、在网上传播病毒等"黑客"行为很可恶。	1	2	3	4
16. 为了参加网络上的赠奖活动，我必须在网络上将个人资料填写完整，如真实的姓名、电话、证件号、住址等，这样如果我中奖了他们才有办法联络到我。***	1	2	3	4
17. 学校应该安装网络防火墙或过滤器，防止学生进入不良问题网站。	1	2	3	4
18. 我认为在进行学术研究时，不能随便摘抄或使用网络上其他人的学术成果，在引用网上文章时我都会注明出处。	1	2	3	4
19. 我经常逛论坛、博客等，并经常参与话题的讨论，与网友进行观点的互动。	1	2	3	4
20. 在上网时，我乐于在百度知道等问答平台上解答网友提出的疑问。	1	2	3	4
21. 我有意识地开发电脑、手机等软件的新的、潜在的功能，探索电子产品基础功能以上的高级功能。	1	2	3	4
22. 网上的一些信息可以触发我的灵感，促进某些问题的解决。	1	2	3	4
23. 我能够根据自己已有的知识结构对不同格式（视频、音频、文字图片等）的信息进行重组和建构。	1	2	3	4
24. 做学术研究时，对相关资源的整合是一个非常必要的过程。	1	2	3	4

***处数据处理时需要反转。

四、大学生生活满意度调查

满意度测量	非常不同意	不同意	不清楚	同意	非常同意
1. 在大多数方面，我的生活是接近我的理想的。	1	2	3	4	5
2. 我的生活条件很不错。	1	2	3	4	5
3. 我对我的生活很满意。	1	2	3	4	5
4. 到目前为止，我已经在生活中得到了我想要的重要事物。	1	2	3	4	5
5. 如果我能够重新经历我的生活，我将几乎没有什么变化。	1	2	3	4	5

五、个人基本情况

1. 您所在的院校是 _____

2. 性别：（1）男　　（2）女

3. 年级：（1）大一　（2）大二　（3）大三　（4）大四或大五

4. 专业类别是：

（1）理工科　（2）文科　（3）经管　（4）医学　（5）艺术　（6）其他

5. 您的家庭居住地是：

（1）城市　（2）县镇　（3）农村

6. 您在班级的学习成绩的排名是：

（1）优秀　（2）良好　（3）中等　（4）较差　（5）差

7. 您认为自己的性格是：

（1）内向　（2）偏内向　（3）说不清　（4）偏外向　（5）外向

8. 您的家庭人均月收入是：

（1）1千元以下　　（2）1001～3000元　　（3）3001～5000元

（4）5001～10 000元　　（5）10 001元以上

9. 您父母的最高学历是：

父亲：（1）小学　（2）初中　（3）高中/中专　（4）本科/大专　（5）硕士（6）博士

母亲：（1）小学　（2）初中　（3）高中/中专　（4）本科/大专　（5）硕士（6）博士

10. 父母对您的管教方式是：

（1）放任自流　（2）稍有管束　（3）较为严厉　（4）非常严厉

11. 父母对您进行过有关网络素养的教育吗？

（1）从来没有　（2）很少　（3）经常　（4）很频繁

12. 您同意网络素养教育是一种终身教育的观点吗？

（1）没有必要　（2）在小学至中学阶段开展就好

（3）只需要在大学阶段展开　（4）是一种终身教育

后　　记

大学生网络沉迷研究一直是一个热点问题，国内外已有不少相关研究成果。但是，目前学术界的研究多是以单独研究大学生网络素养现状和网络沉迷境况为主，从网络素养角度透视其对大学生网络沉迷的影响，还是一个比较新颖的角度。

探讨网络素养教育视角下的大学生网络沉迷预防与干预对策，为大学生网络思想政治教育提供了新的视角。思想政治教育一直强调观念的影响，但是如何进行影响、影响的正负方向和影响的程度大小的实证研究较少，本书采用定性与定量相结合的方法，将思想政治教育与网络素养教育相结合，为大学生和教育者认识网络沉迷问题提供了一个新的观察视角。本书实证探索网络素养影响大学生网络沉迷的内在作用机制，并提出网络素养教育视角下的预防与干预大学生网络沉迷的对策，推动了网络思想政治教育的实操性，有助于促进思想政治教育方法的改进，改变思想政治教育过于宏观和高大上、不接触具体细微心理的不足，从心理到行为、从抽象到具体、从整体行为到具体行为，增强思想政治教育的实效性及针对性，帮助提出从网络素养教育视角出发的大学生网络沉迷干预策略提供科学依据。

一、研究不足

1. 被试取样问题

由于研究者人力、时间、精力和对高校掌握资料的有限性，本书只搜索到大连高校人数及男女比例，不甚了解各高校的具体情况，因此本书并没有采用纵向的概率抽样的方法，而是采取了非概率抽样中的配额抽样和任意抽样的方法发放问卷。此外，并没有把专科生、研究生、博士生及更大范围的学生群体纳入此次测量范围。因此，在一定程度上不能代表全国高校学生的情况。同时，本书在选择调查学校时仅仅考虑了男女学生的比例及学校批次的性质，尽量保证理工类、文史类、医学类、财经类及外语类等高校类别囊括在内，但是对于军校，如海军大连舰艇学院，并没有进行取样，导致代表性有所欠缺。

2. 问卷题量问题

在进行问卷测量时，因为问卷内容涉及过多，回答者在答题过程中可能会出现厌烦心理而对问卷回答的认真程度有所下降，以及在涉及一些问题回答时，如上周上网时长、浏览不良信息、学习成绩好坏等问题，回答者出于安全和隐私顾虑，可能填答和实际情况有所出入。这些方面都会影响后期数据的分析及研究结果。因此，未来研究建议设计题量适中的问卷，以及在涉及敏感问题的提问上，注意使用更好的表达方式。同时，本问卷由于时间的限制，未能进行重测信度检验，所以关于问卷跨时间度量的稳定性还有待进一步验证。

3. 自变量预测力问题

运用探索性因子分析网络素养和网络沉迷，在核心因子的提取上会产生出入，其结果并不是非常的精确，只能解释总体的一部分。在进行网络素养与网络沉迷影响关系回归分析时，虽然各维度之间呈现出了显著的相关性，但是 R^2 值都比较小，说明与模型的拟合程度比较低，自变量的预测力还有待加强。

4. 数据挖掘深度不够

本书只是对网络沉迷现象的影响因素进行了初步探索，并没有具体分析不同人口统计学变量对大学生网络沉迷现象的影响程度，也没有具体分析大学生网络沉迷者和非网络沉迷者的显著性差异。同时，本书仅仅根据对大学生的调研结果进行分析，比如，对于学习成绩和网络沉迷症状的调查仅仅根据学生本人的自我报告，主观性比较强，缺乏对调查对象进行深度访谈等深入式的探索和挖掘，导致在分析沉迷原因时往往仅凭已有的文献以及个人主观判断进行。

二、研究展望

首先，在后续研究中，可以运用 t 检验、方差分析和卡方检验，对大学生网络沉迷不同影响因素的差异性进行具体分析，从微观层面具体探讨不同性别、性格、家庭居住地、学习成绩、网络使用内容等对网络沉迷的影响差异性。

其次，在后续研究中，可以针对大学生网络沉迷的不同类型，如社交依赖型和网络游戏依赖型，分别制定不同测量标准，进行网络沉迷不同族群案例研究，分析不同沉迷类型的影响及其差异性。

再次，在后续的研究中，可以引入心理学、社会学、经济学等交叉领域学科的理论知识，构建新的理论模型，更进一步探讨大学生网络沉迷现象产生的多层面原因。本书所涉及的人口变量，仅限于性别、性格、家庭居住地、学习成绩等内容，今后可以将休闲生活、社会支持等其他因素引入调查研究，以期增加自变量的预测力，制定相关干预措施。

最后，互联网在人们生活中扮演着越来越重要的角色，它是一把"双刃剑"，对大学生生活方式改变有着积极的作用，但同时也有着负面影响。如何更好地驾驭互联网，使它成为大学生的良师益友，是一个很重要的社会议题。这个大命题还有很多值得研究和探讨的方面，例如，网络素养的提高及绿色网络环境的建立、网络沉迷现象的心理驱动机制、网络沉迷现象的年龄趋势、网络沉迷现象负面影响的防治等。这些研究者未曾涉及的方面，也为今后研究提供了方向。

三、致谢

此时此刻，书稿终于完成，时间已经整整过去了八年。这一路走来，虽然艰辛，但因为有家人和良师益友的鼓励与支持，才使我坚持研究，不断前进，不断攀登学术之峰。

本书得以顺利完成，首先要感谢洪晓楠教授。他在事务繁忙、身兼数职中还能静心读书、潜心学问，他的榜样示范，一直激励着我。他总能拨开迷雾，帮我指明方向，他对本书提出的启发和建议，让书稿更显完整。

我还要感谢魏晓文教授，我与她亦师亦友，她的关心和启迪，开启了我知识领域的新视野，让我获得莫大的感悟，受益良多。

我还要感谢徐成芳教授对我国家社会科学基金申报书的细心斧正；马万利教授在百忙之中拨冗给我评阅、斧正和建议。

感谢戴艳君教授、蔡小慎教授、杨连生教授、荆慧兰教授、杨慧民教授在开题、中期、预答辩和答辩期间提出的宝贵的论文修改建议，是他们让我的稿件日臻完善。

感谢美国西弗吉尼亚大学传播学院的 Myer Scotte 教授带领我走上实证量化研究之路，感谢管理与经济学部的叶鑫副教授和马庆魁老师，允我旁听了两个学期的"管理统计学"和"统计学"课程，让我更深入地理解了统计学软件操作背后的数理思想，感谢他们热心而不厌其烦地解答我有关统计软件 SPSS 的所有疑问。

感谢我的研究生们帮我发放和回收、录入问卷；感谢曾经给予我鼎力相助的同事和朋友。

最后，谨将本书献给我挚爱的父母和家人，因为你们的全力支持和包容，成就了今天的我，希望这份成果与你们分享。

武文颖

2017 年 3 月 23 日